年賀状のおはなし

はじめに

「年賀状という文化を記録し、１００年先の後世に繋げたい」。そう思ったことが、この本を作ったきっかけです。

そもそも年賀状のルーツとは何でしょうか。調べはじめると、明治時代、江戸時代、飛鳥時代までさかのぼり、たくさんの〝年賀状にまつわるおはなし〟に出会います。それらの興味深いエピソードと現存する年賀状の数々を、この本にまとめました。

日本には古来、新年を祝し挨拶をし合うという習慣があります。「暦」という考え方が誕生し、改暦という概念が生まれたことにともない、新年や年始という言葉が生まれました。

現代に生きる私たちは１枚の葉書に新年の挨拶をしたためて、年賀状として送りますが、もともとは新年の挨拶に家々を回る「年始回り」の習慣がありました。のちに賀詞を記した手紙や名刺を交換する習慣がはじまり、飛脚の誕生とともに遠くの人々へも年始の挨拶状を届けるようになります。これにより、人々は年始回りから解放されることになり、新年の挨拶は書面へと移行していったのです。

そして、明治4年（1871）に郵便制度がはじまり、葉書が登場します。これにより、ますます「年始の挨拶状」が盛んに送られるようになりました。それまでは、長々とした手紙のような文面だった年賀状に「謹賀新年」や「賀正」などの簡略な言葉が登場し、現代の年賀状に続いてきたのです。

そして、「お年玉くじつき年賀葉書」の登場もまた、年賀状文化の発展に大きな影響を与えたといえます。

この本のページをめくれば、数十年から数百年の時を経た年賀状を見ることができます。飛鳥時代から令和時代まで、約1400年に亘る年賀の文化を、どうぞゆっくりとお楽しみください。

「年賀状のおはなし」プロジェクトチーム

目次

｜表紙｜
大正3年（1914）の年賀状。この頃から子どもたちにも年賀状を出す習慣が広まり、毎年の楽しみとなっていたようです。

※この本に収録されている年賀状の年代表記は、年賀状が届けられた年で統一しています

丸善の年賀状

丸善は海外に向けて、いち早く年賀状を
送っていた年賀状文化の先駆者。彼らは年賀状で、
日本の文化を世界に届けたのです。

明治28年
›1895

年賀状の左の文字に注目。まだ明治の時代から「Happy Happy New Year!!!」と書かれている

日本で最初の絵入り年賀状といわれている、丸善初期の年賀状。子どもを背負って年始の挨拶に回ったのだろうか（田畑裕司所蔵）

明治13年 ›1880

明治15年 ›1882

この頃は絵師による手描き。元絵を見て、何人もの絵師が書き写したと思われる。左側に描かれている建物は横浜にあった丸善のようだ。明治21年（1888）の年賀状（p.13）の登場でそれが判明する

明治16年 ›1883

消印を見ると、12月30日東京、31日横浜、1月15日サンフランシスコを経て、1月22日にフィラデルフィア着とあり、当時の船便のルートがわかって興味深い（新関光二所蔵）

明治20年 ›1887

絵柄をよく見ると、頭の部分が「鞠」や「屠蘇器」になっていてかなりユニーク

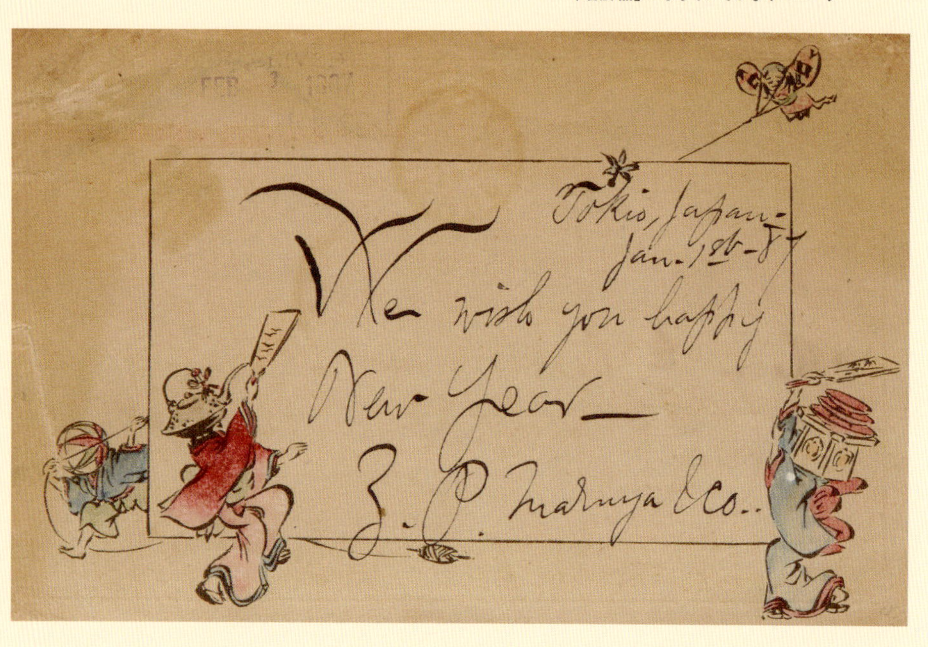

丸善（現在の丸善雄松堂株式会社）が創業したのは、今から150年前の明治2年（1869）。岐阜で生まれ、医者であった早矢仕有的（はやしゆうてき）が私塾の師・福沢諭吉のバックアップを受け、横浜に創業したのが「丸屋商社」でした。社名は当初、「世界を相手に商売をする」という想いから「球屋＝まるや」と名付けましたが、人々が「マリヤ／タマヤ」と呼ぶために「丸屋」に定めたという逸話が残っています。

最初は福沢の著書や洋書などを販売する小さな書店でしたが、のちに薬品、医療器具、雑貨、衣服仕立など、西洋の物品全般を扱う日本で最初の貿易会社となり、「丸善」（丸善商社）という名前に替わります。

明治21年 ›1888

どちらも似たような構図で描かれたものだが、まったく趣の異なる2枚。葉書の左上の印刷を見ると上は東京、下は横浜の丸善商社が出した年賀状だということがわかる。右上の黒いハットの人物はペリーで、息を吹きかけたところに新しい文化が描かれている。左端に描かれている建物は、明治15年(1882)の年賀状(p.10下)と同じ建物だろう(上:田畑裕司所蔵)

明治の頃の丸善商社の年賀状は、当時の日本の正月の様子が外国に紹介された貴重なもの

明治22年 ›1889

年賀状にはZ.P.MARUYAという名前が記されていますが、これは「丸屋善八」の意味。善八とは早矢仕の恩人である高折善六（たかおりぜんろく）の名に由来したもので、横浜丸屋の屋号（社長名）として使っていたようです。創業の翌年には、現在の丸善日本橋店の前身である東京の店を開業していますが、その店名は「丸屋善七店」でした。人々から「丸善さん」と呼ばれるようになり、丸善の名が生まれたのです。

丸善は、おそらく明治13年（1880）から海外の取引先宛てに年賀状を送ります。これらは日本で最初に年賀状に絵を描いたものではないかといわれる、たいへん貴重なもの。明治13年（1880）といえ

明治24年 ›1891

恋文売りを描いたもの。この頃から、線を印刷したものに手彩色する技法に変わっていく

ば、郵便制度が制定されてからまだ10年も経っていない頃、紙質もまだ上質ではない時代でしたが、官製葉書（海外用の萬國郵便聯合端書）に、絵師たちは美しく、ユニークな絵を描いていたのです。「世界を相手に商売をする」という早矢仕の想い通り、欧米諸国に新年のグリーティングカードを送っていたのでしょう。消印にはLONDON、NEW YORK、PHILADELPHIA、SAN FRANCISCOなどの文字があり、まさに創業時の社名「球屋」を実現していました。

年賀状の歴史を振り返ると、その美しさや遊び心など、丸善が遺してくれたものの偉大さは計り知れません。これから数年後に花開く、年賀状文化の先駆けとなったのです。

越後獅子が描かれた年賀状。12月28日に横浜を出発し、1月26日にスプリングフィールドに到着している（新関光二所蔵）

元日の朝、井戸から最初の水を汲み、お供えする風習「若水汲み」を描いたもの

明治27年
›1894

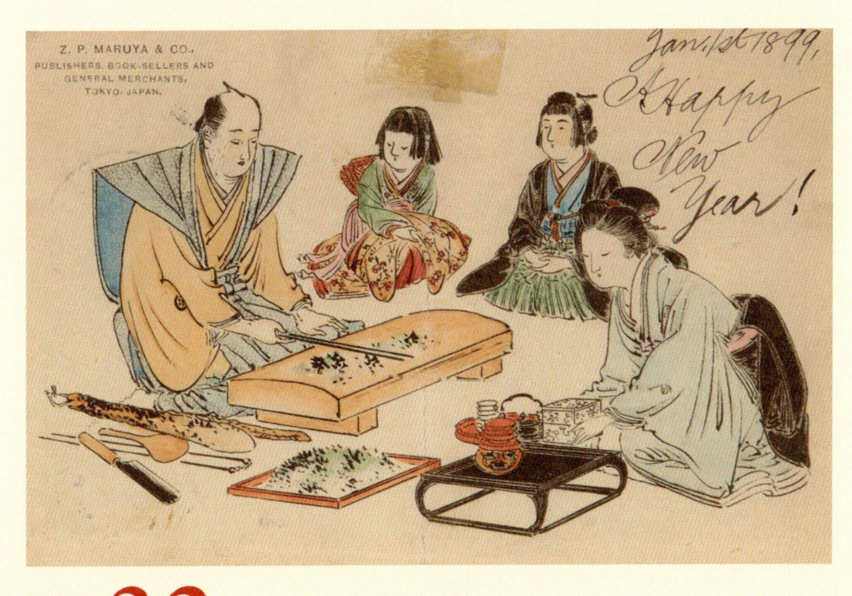

明治32年
›1899

この年は、家族で七草粥の用意をしているシーンがテーマになったようだ

私製葉書で年賀状を送るようになり、絵柄の雰囲気が一変する。和歌と女御

明治39年 ›1906

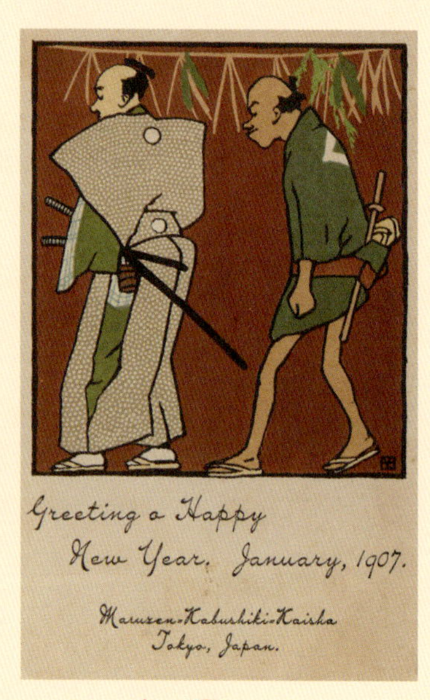

明治44年 ›1911

年賀状最盛期の明治44年になると、絵柄が繊細で色彩も美しくなってくる

明治40年 ›1907

Maruzen Kabushiki Kaisha Tokyo Japanと書かれている

明治 45 年
›1912

勅題(p.112参照)が「松上鶴」のこの年、
根付きの松を持つ童と鶴が描かれた

大正2年
›1913

明治天皇崩御につき諒闇(りょうあん／喪中)のため、黒枠の年賀状が送られた

大正8年
›1919

未年の年賀状。大正ロマン風の絵柄が登場

| COLUMN |

日本国内お得意先向けの年賀状

丸善の国内向けの年賀状には「賀新年／賀正」と書かれている。
私製の葉書が葉書として認可された翌年の明治34年(1901)から送っているようだ。

明治40年(1907)

明治38年(1905)

大正8年(1919)

資料提供
高尾均

装幀・デザイン
鈴木麻祐子　西野友紀菜
富樫祐太　佐藤楓
（Dynamite Brothers Syndicate）

Chapter 1

年賀状のはじまり

新しい年を迎え、それを祝って挨拶をする。現代にも続く大切な習慣です。昔の人は寿命が短く、無事に新年を迎えられることは、今よりもずっとおめでたいことだったのです。では、年賀の習慣はいつからはじまったのでしょうか。それが書状になるまでに、どのような歴史を辿ったのでしょうか。1章では、時代を約1400年さかのぼり、年賀のはじまりをみていきます。聖徳太子から平安貴族の暮らし、城主の私信、大名の年始の風習、江戸町人たちのユニークな年賀遊びまで、年賀にまつわる歴史をひもといていきましょう。

年賀状の歴史 1

飛鳥時代～江戸時代

飛鳥時代

- 604（推古12）年 …… 十七条憲法を制定。初めて暦日を用い、新年の概念が生まれる
- 646（大化2）年 …… 朝賀の式が行われるなど、「新年の回礼」という風習がはじまる
畿内に駅馬を置く「飛駅使」制度制定
- 701（大宝元）年 …… 通信物を運ぶ「脚力」を定める

平安時代

- 平安時代末期（成立年不明）…… 藤原明衡「明衡往来（雲州消息）」著す

鎌倉時代

- 1185（文治元）年 …… 鎌倉幕府「鎌倉飛脚」開始

室町時代

- 1394（応永元）年～1428（応永35）年
…… この頃に「庭訓往来」成立といわれている

安土桃山時代

- 1590（天正18）年 …… 徳川家康「継飛脚」開始

江戸時代

- 1603（慶長8）年～1867（慶応3）年
…… 遠隔地へ飛脚便による年頭の挨拶状が交わされた。参賀登城による挨拶も。江戸末期頃から回礼が簡略化されていった

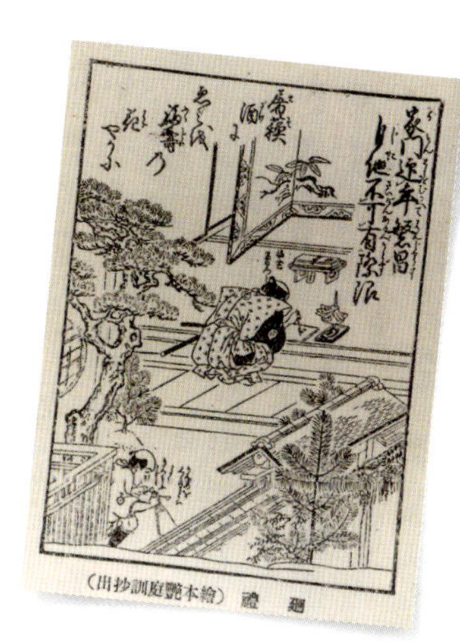

年の初めに年賀の挨拶を交わす「回礼」のひとこま（絵本艶庭訓抄出・日本歳事史より〈郵政博物館提供〉）

人勝残闕雑張（じんしょうざんけつざっちょう）

古代の年賀挨拶。天平宝字元年（757）
（正倉院宝物）

令節佳辰
福慶惟新
燮和万載
壽保千春

正月七日のこのよき日、
慶（よろこ）びを新にし、泰平が万年続き、
寿命は千春を保つことができますように

推古12年（604）、聖徳太子により十七条憲法が制定された年に、日本の暦が誕生したと伝えられています。これにより「新年の節目」という区切りが生まれました。朝廷で新年の挨拶をするという儀式もあったようです。

天平宝字（てんぴょうほうじ）元年（757）には、奈良の東大寺に美しい2枚の布「人勝（じんしょう）」が献納されたという記録が残されています。人勝とは、人日（じんじつ）（正月七日）の贈答品。絹織物で作られ、1枚には金箔で文字が記され、もう1枚には人物や花などの金箔押しの裁文（さいもん）が施されています。現在は、この2枚を張り合わせた「人勝残闕雑張」が正倉院に収められています。人勝に記されている16文字は新年の

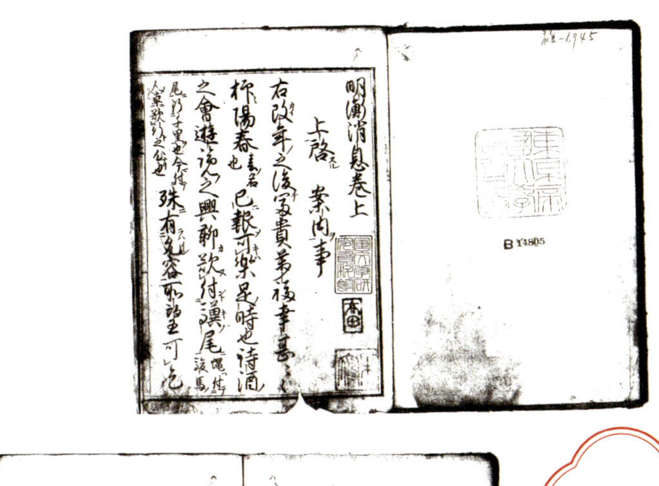
明衡消息巻上

平安時代
末期

明衡往来

平安時代末期に書かれたとされる「明衡往来」。文章博士であった藤原明衡の手によるもので、現存する最古の手紙文例集。この時代から年始の挨拶文が見られる
(国文学研究資料館所蔵)

挨拶であり(右上参照)、今に続く年賀状のルーツといえるでしょう。

平安時代の末期に書かれた、現存する最古の手紙文例集といわれている「明衡往来」には、年始の挨拶文を見ることができます。これは、平安時代の貴族で文人、儒学者だった藤原明衡が著したもの。貴族の間で交わされた200近くの書簡を1月から12月まで順を追って整理・収録し、手紙の書き方、文例集としたものです。当時の貴族の暮らしぶりや習慣がうかがえます。なお、藤原明衡は出雲守だったことから、明衡往来は「雲州消息」「雲州往来」とも呼ばれています。

室町時代になると「庭訓往来」が誕生します。庭訓とは、家庭での教

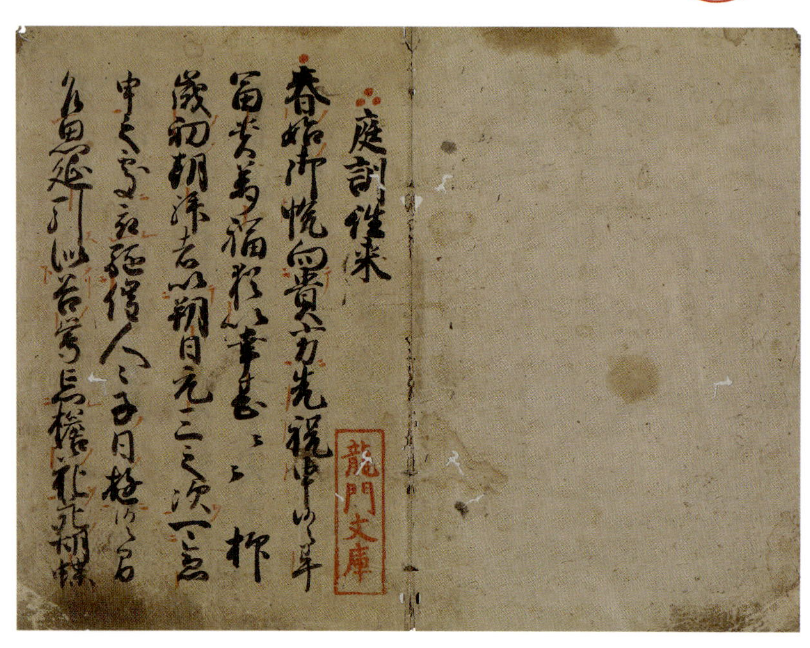
庭訓往来

え、教育などを意味し、寺子屋で子どもたちの読み書きの教科書として使われました。のちに年賀状が広く普及するのは、この時代から識字率が高かったことも影響しているといわれています。

江戸時代になると飛脚便が発達し、定期便なども生まれたことから、たくさんの書状がやりとりされることになります。大名たちは参勤交代で江戸に上がり、新年の挨拶状のやりとりがあったようです。

残されている資料を見ると、儀礼的な挨拶程度のものから、お茶の誘いをしたためた私信など、新年の挨拶状はさまざまでした。当時の人々のお正月の過ごし方を垣間見ることができます。いずれにしても、新年

庭訓往来（ていきんおうらい）

寺子屋で読み書きの教科書となった「庭訓往来」。新年の挨拶文も収録され、子どもたちは文例集や書道の手本として学んだとされる
（左右ともに公益財団法人阪本龍門文庫所蔵）

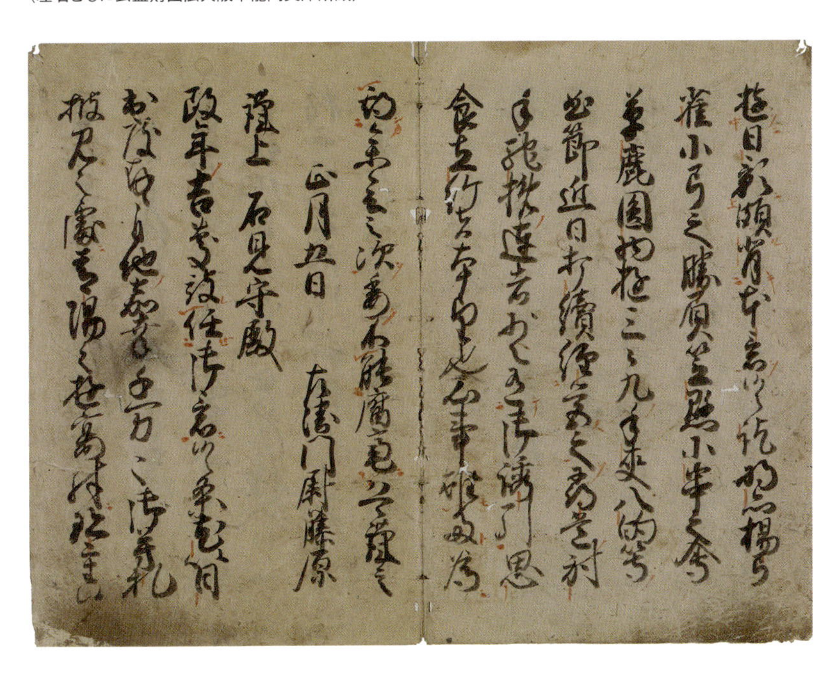

がおめでたかったことに変わりはありません。

この時代は、まだ「葉書」というものがありませんでしたから、手紙は巻物などで送られました。人々は暦が改まったことを祝っておめでたい気持ちを交わしていたのです。

元文5年（1740）に成立した「書札重宝記（しょさつちょうほうき）」には、年始書状のための語彙が記されており、改年、新春、新暦、初春、陽春、祝賀、御慶などの文字を見ることができます。250年以上前から、新年を祝う挨拶状には、今と変わらぬ言葉が記されていたことがわかります。

また、江戸時代の末期には、年始の挨拶の定型文も見られ、大名の間で交わされていました。

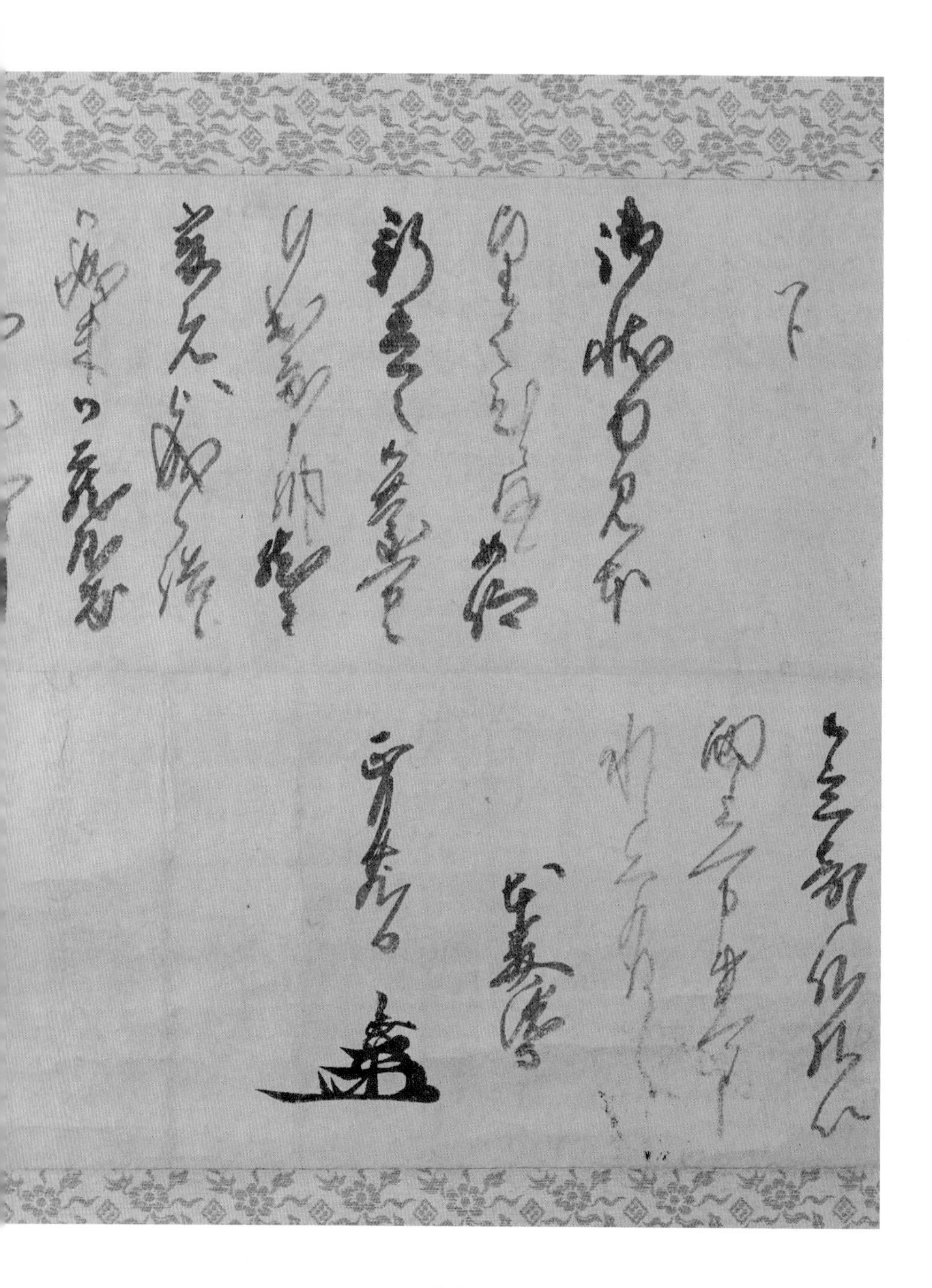

御状を拝見しました。ありがとうございます。
仰せのように新春の御慶を申し上げます。
以前こちらへ来られて話し合いました御城末の御蔵屋敷の儀につき
仰せを蒙り(こうむ)ましたのですぐに使者に伝えておきました。
さてその後は久しくお目にかかっておらず、残念に思っております。
御代官所にお出になることがあればぜひお立ち寄りください。
万事はお目にかかった際に申し上げたく思います。

小堀遠州(こぼりえんしゅう)への手紙

江戸時代初期(1603年～1650年頃)の新年挨拶状。姫路藩の初代藩主、本多忠政が備中松山藩主の小堀遠州に宛てた年始状。儀礼的な年始状が多い中、非常にプライベートな内容を送っているのが興味深い

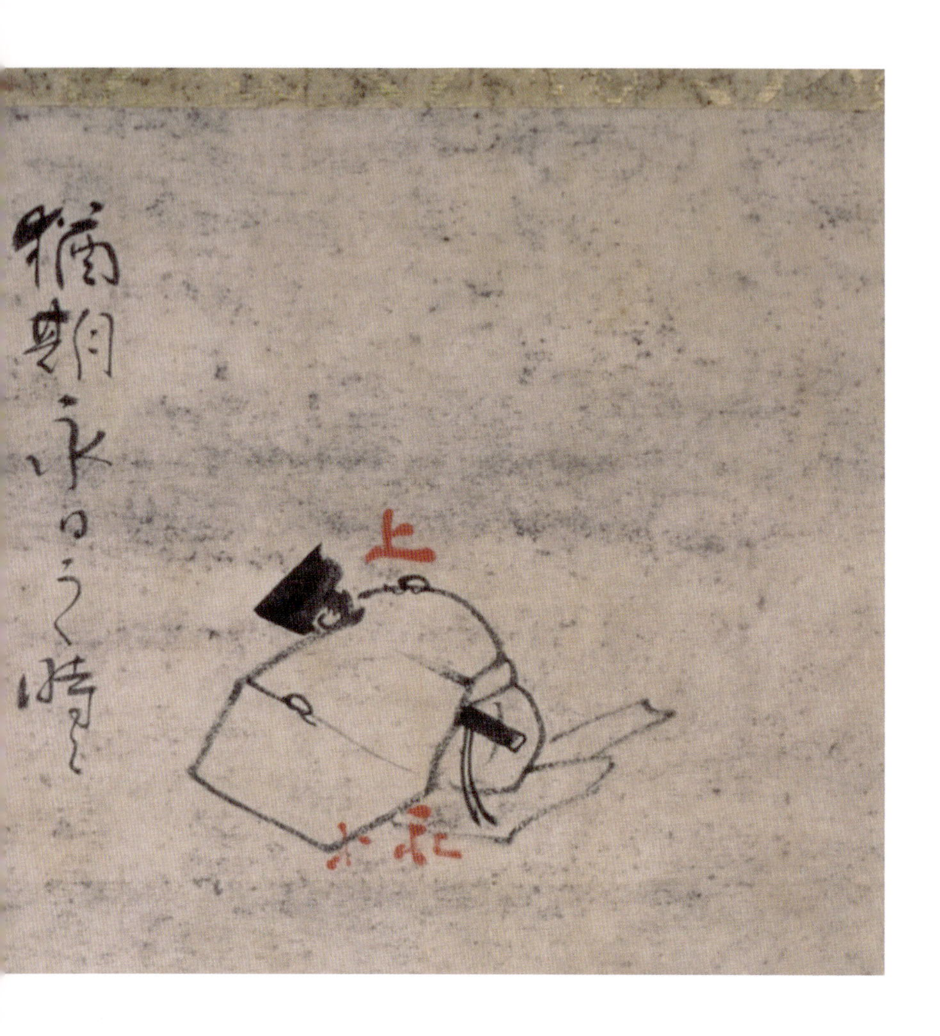

寛政２年(1790)に 姫路城城主 酒井忠以(ただざね)公が、松江藩主 松平不昧(ふまい)公に 送った年始状と、返し

姫路藩主であり茶人の酒井忠以公より、松江藩主松平不昧公(未央)、ほか茶人仲間宛に送られた年始状。朱書きを読み解くとたいへんユニークな仕組みがわかる
(姫路城管理事務所所蔵)

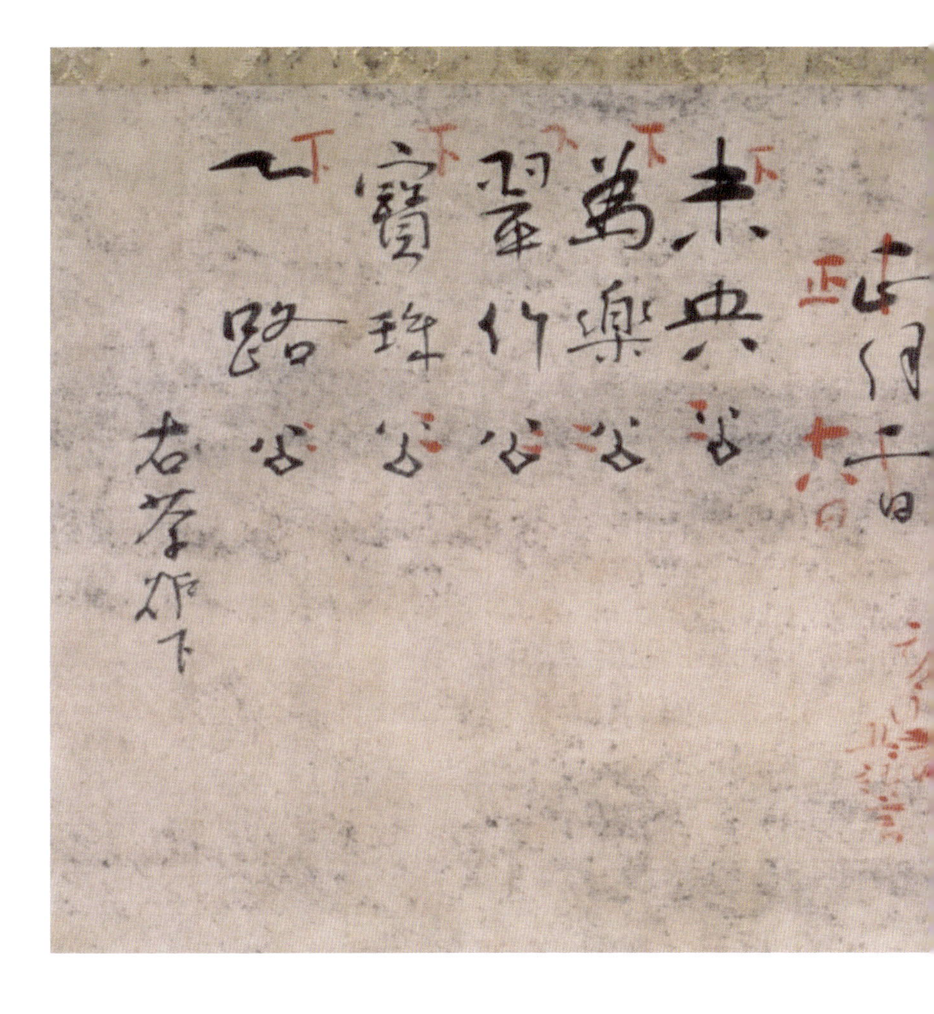

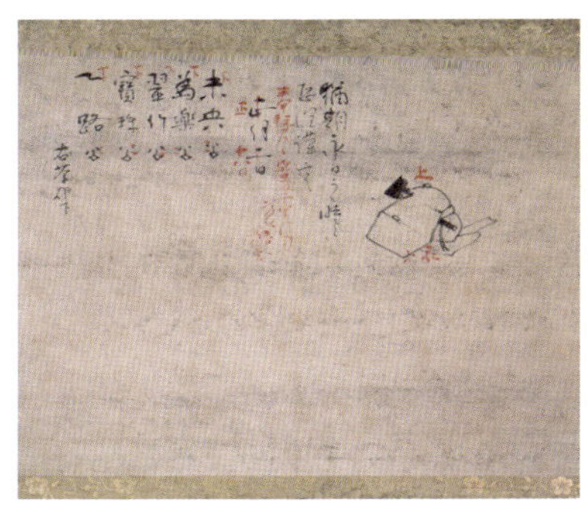

右に武士の平伏しの図、文面は「猶、永日之時ヲ期シ候、恐惶謹言、正月二日」と簡略。これは当時の年始状の末尾の部分で、「永日之時ヲ期ス」とは〈良い日をお過ごしください〉という意味。この書状は、寛政2年(1790)正月、姫路城主 酒井忠以公(宗雅)が在勤の江戸より、松江藩主 松平不昧公(未央)他、茶人仲間に宛てた年始状。左の「右茶炉下」は(右茶人仲間へ)という意味。これを受け取った不昧公は「御慶千里同風永春ノ候ノ訪レヲ賀シ奉リ候、恐惶謹言」と朱で加筆し、日付を訂正し、平伏の武士の図の上に「上様」と朱書き。仲間5人の宛名の(公)を消して上に(下)を加筆し、江戸へ返送したようだ

かい ねん の ぎょけい めでたく もうし おさめ そろ まづもって
ごかない さま ますます ごきげん よく ごちょう
さい な され ちんちょう の おん ぎ に ぞんじ
たて まつり そろ つぎ に わたくし かた ぶ
じにか ねん つかまつり そろ は ば かり

改年の御慶　目出度く申し納め候
先ず以て　御家内様益々御機嫌能く
御超歳被成　珍重の御儀に存じ奉り候
次に私方　無事に加年仕候
憚りながら御安堵可被下候
先ずは年詞の御祝儀申上度く
斯くの如くに御座候
猶永日の時を期し候
恐惶謹言
正月

絵解きの解説は次のページへ

江戸時代の判じ絵

「新板 年頭状絵かんがへ」という上方の版画。江戸時代末期頃に流行したと思われる。冒頭、改年の「改」は「貝」で示されており、それに続く絵解きもおもしろい

判じ絵 絵解き

（岩崎均史 静岡市東海道広重美術館館長）

じに
琴柱二つ
（琴柱は「じ」）
か
蚊
ねん
梅ヶ枝の
手水鉢で「一念」
つかまつり
刀の柄を
祀る
そろ
算盤半分
は
木の葉
ば
婆
かり
雁
な
菜
がら
唐人
（からびと）
に濁点
ごあんど
行燈五個
くださる
物乞いで
下さる
べく
九の字の
屁に濁点
そう
人相見
ろう
蝋燭の半分
まづ
松に濁点
は
輪
ねん
能の「鉄輪」
で念
し
詩
の
野
ご
碁
しゅう
酒器
ぎ
木に濁点
もうしあげ
申し上げる
図
たく
火を焚く
かく
角の駒
の
野
ごとくに
五徳が二個
ござ
茣蓙
そろ
算盤半分
な
菜
お
尾
えい
絵の猪
じつ
忍術
の
野
とき
夜の時廻り
を
苧
ごし
サイコロの
五の目 四の目
そうろ
僧侶が
櫓を漕ぐ
しよう
笙
が
鍬に濁点
つ
鶴の上半分
きょう
経を読む僧
こう
香炉
きん
小判
げん
義経（源氏）

年賀状交換の源流「大小の摺物」

「大小」とは、図柄で表現した暦。旧暦では大(30日)、小(29日)の月は、毎年変化した。毎年異なる大小月を絵の中に込める、あるいは歌や戯文などに組み込むなど機知にとんだものを作り、年頭に交換し合う遊びが行われていた。遊びでも大小月を知ることは、都市生活では重要なことであり、交換される情報は重要なものだった。明治時代になり新暦に変わると、大小月は固定され、「大小」の交換は次第になくなっていく。郵便制度の普及と相まって、年賀状の交換にその姿を変えたとも考えられている
(どちらも蛇足庵所蔵)

天明9年(1789)の大小摺物。酉年のため、「闔家全慶(こうかぜんけい)」という雄鶏雌鶏に雛を組み合わせて「一家平穏でめでたい」という吉祥図が選ばれた。尾の部分に、小の月の数字が描かれている。大の月／正月・二・四・六・八・十・十二、小の月／三・五・閏六・七・九・十一。13.5㎝×12.2㎝

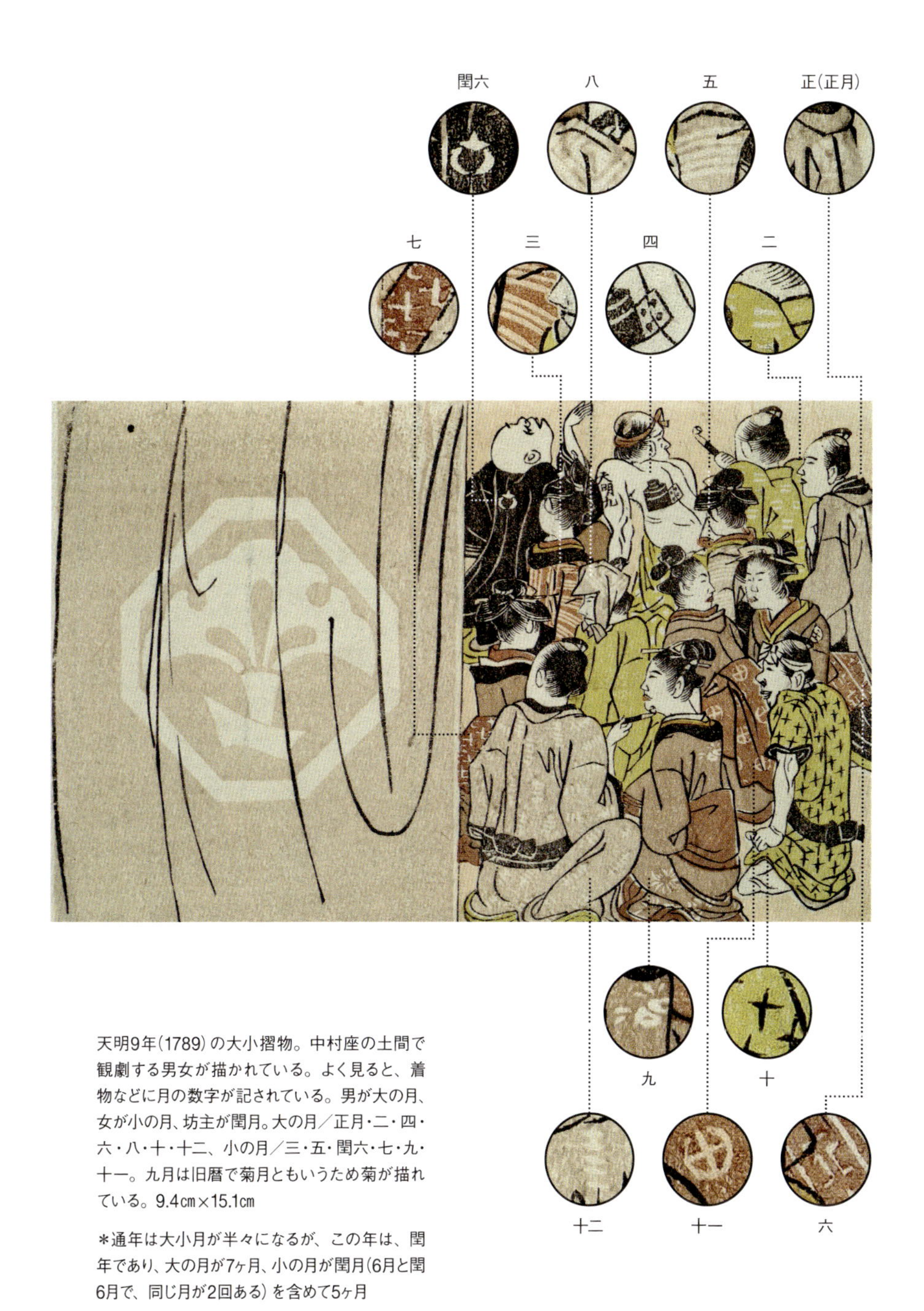

天明9年(1789)の大小摺物。中村座の土間で観劇する男女が描かれている。よく見ると、着物などに月の数字が記されている。男が大の月、女が小の月、坊主が閏月。大の月／正月・二・四・六・八・十・十二、小の月／三・五・閏六・七・九・十一。九月は旧暦で菊月ともいうため菊が描れている。9.4㎝×15.1㎝

＊通年は大小月が半々になるが、この年は、閏年であり、大の月が7ヶ月、小の月が閏月(6月と閏6月で、同じ月が2回ある)を含めて5ヶ月

Chapter

2

郵便制度はじまりの時代

江戸時代が終わり、明治時代になると郵便制度がはじまります。「葉書」が登場し、手紙を送ることが容易になると年賀状のやりとりも増えていきました。とはいえ、個人が年賀状を送るのが一般的になるのはもう少し先の時代。この頃はまだ、商店が広告を兼ねてお得意さまに年始の挨拶をする、いわゆる「ビジネス年賀状」が主流でした。印刷技術も少しずつ進化して着彩もはじまり、オリジナリティあふれるデザインも増えていきます。この章では、年始の挨拶回りが「年賀状」へと変わりはじめる時代の変遷をご覧ください。

明治時代

明治時代

- **1868**（明治元）年 ………… 逓信省の前身となる駅逓司が設置される
- **1870**（明治3）年 ………… 10月、太政官令により新年賀詞の書式が示される
- **1871**（明治4）年 ………… 3月、郵便創業
- **1873**（明治6）年 ………… 12月、二つ折り葉書の発行
- **1875**（明治8）年 ………… 5月、単面の官製葉書、小型葉書が誕生
- **1885**（明治18）年 ………… 逓信省発足
- **1890**（明治23）年 ………… 年賀繁忙のため、郵便局は1月1日から3日の間、集配回数を減らす
- **1899**（明治32）年 ………… 12月、一部の郵便局で「年賀郵便物特別取扱」がスタート（取扱期間12月20日～30日）

右は国内用の官製葉書。左は「萬國郵便聯合端書」という海外へ送る葉書

二つ折り葉書と小型葉書

郵便制度開始の明治4年(1871)から2年後の明治6年(1873)、日本最初の葉書が誕生。当初は二つ折りで、単面の葉書は明治8年(1875)に登場します

三面

二面

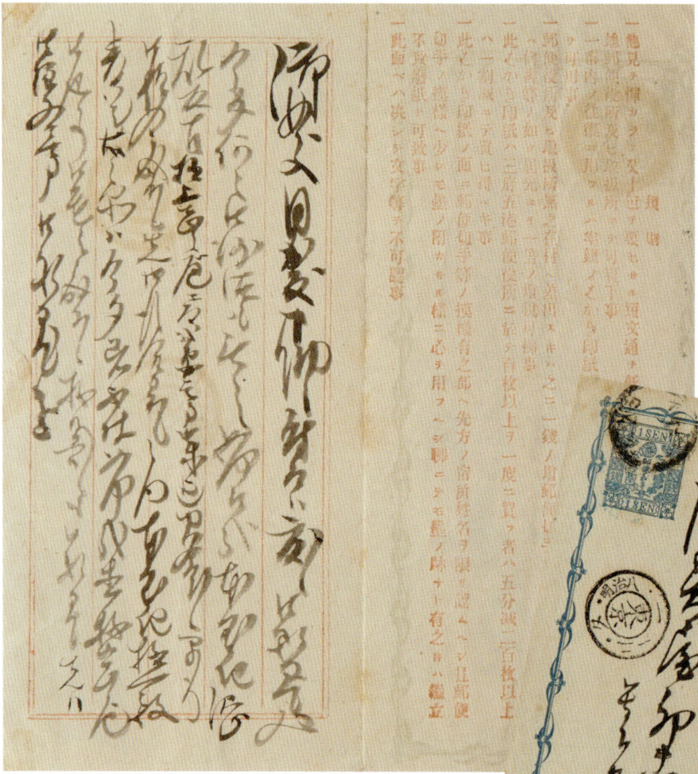

一面

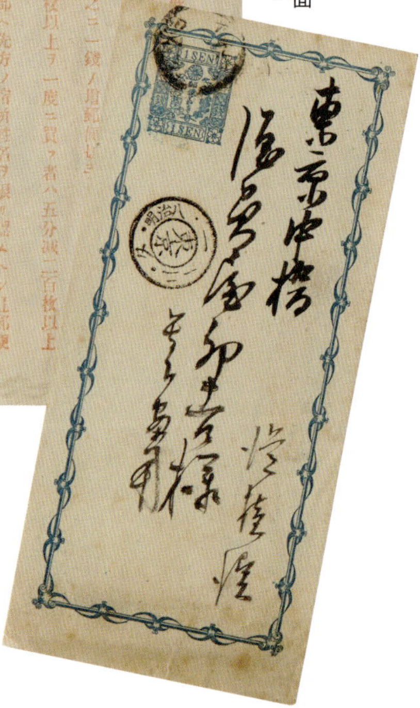

明治8年(1875)

二つ折り葉書の値段は同一市内宛のものは半銭(五厘)、全国の町村宛は一銭の2種類あった。単面葉書も同じ料金で、現在の葉書の原型となる。これらの登場により、手紙(年賀状)を送る風習が少しずつ広がっていった。上の写真は明治8年(1875)に使用されたもの

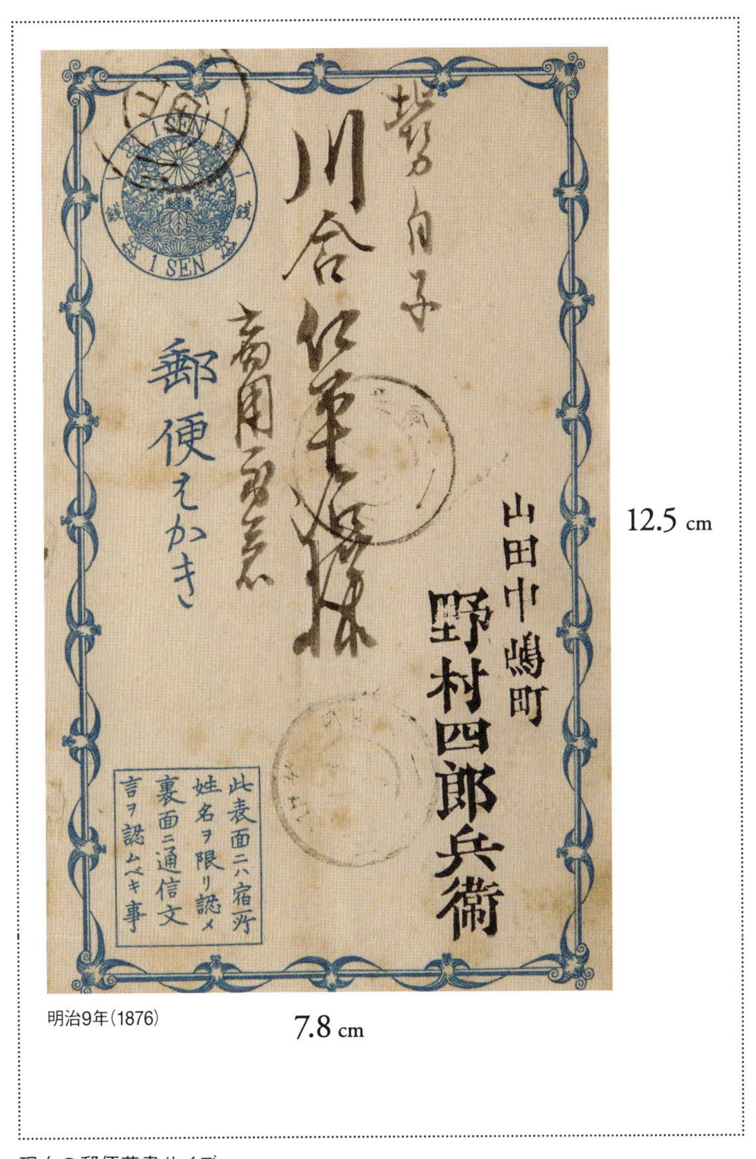

明治9年（1876）

現在の郵便葉書サイズ

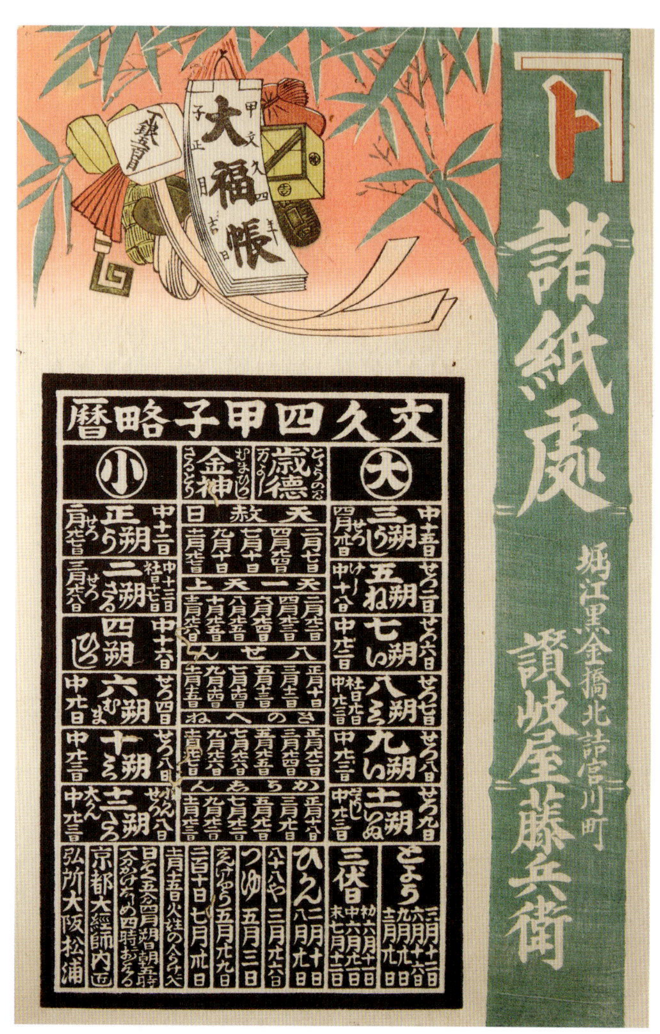

大阪にあった紙問屋の年始の引き札。江戸時代は暦の入った引き札が多く流通していたようだ

文久4年（1864）

暦年賀状のはじまり

由来は商店がお得意さまに配っていたチラシ「引き札」。暦と年始の挨拶を兼ねたものがのちに葉書サイズとなり、年賀状に活用されるようになります

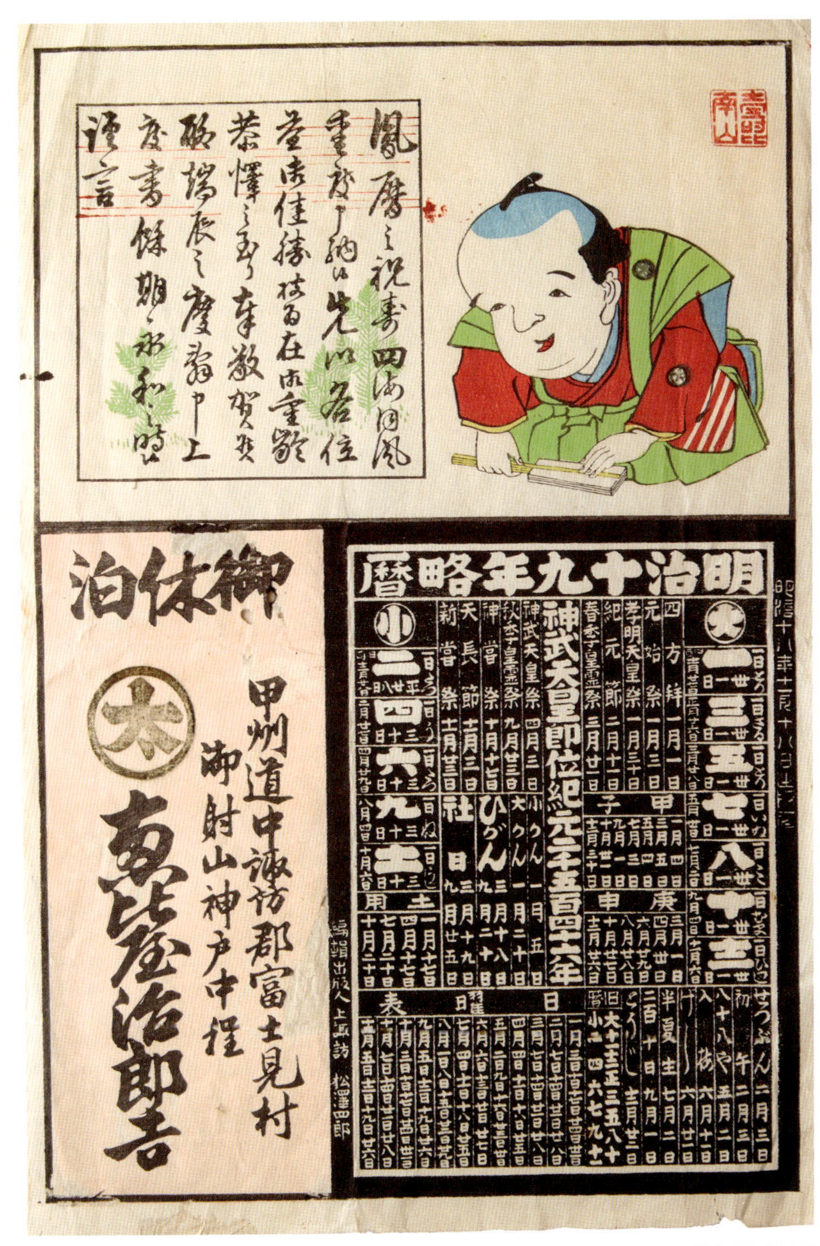

当時は、暦の入った引き札が用意され、左下の枠に自社の広告を入れて配るのが主流だった。こちらは諏訪大社近くの宿が発行したもの

明治19年(1886)

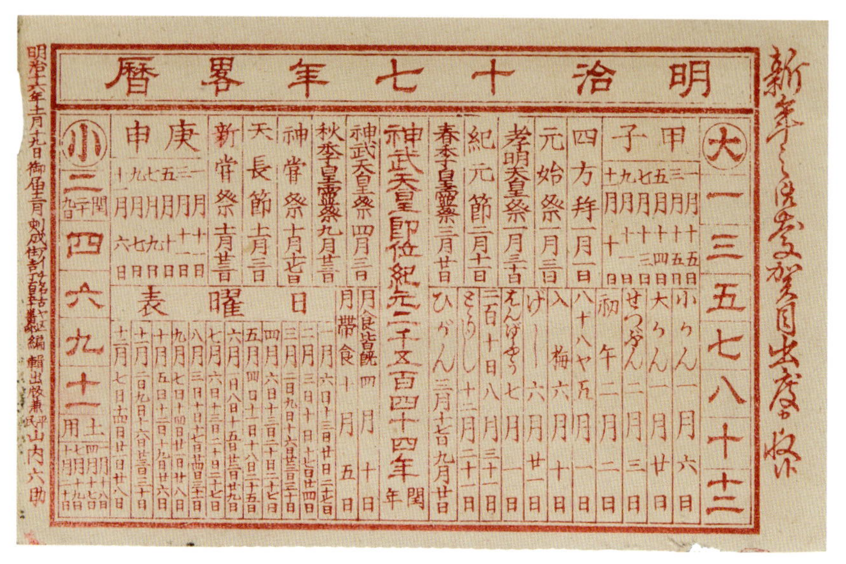

明治17年（1884）

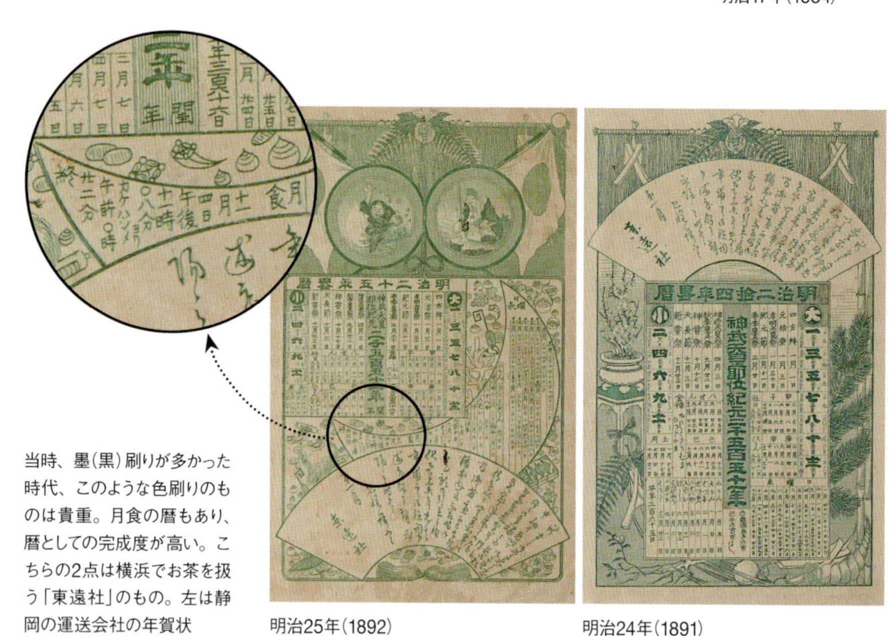

当時、墨（黒）刷りが多かった時代、このような色刷りのものは貴重。月食の暦もあり、暦としての完成度が高い。こちらの2点は横浜でお茶を扱う「東遠社」のもの。左は静岡の運送会社の年賀状

明治25年（1892）

明治24年（1891）

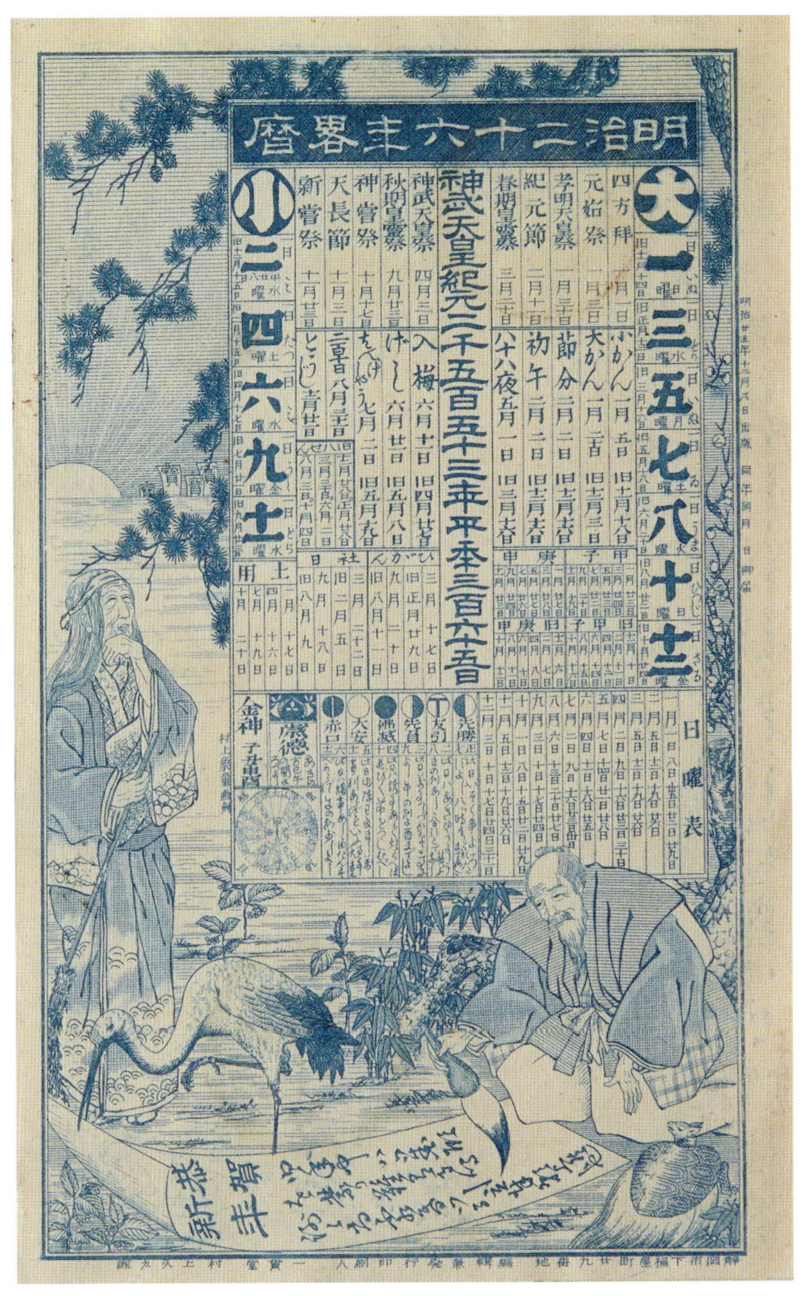
明治二十六年畧暦
神武天皇紀元二千五百五十三年平年三百六十五日
四方拝 一月一日
元始祭 一月三日
孝明天皇祭 一月三十日
紀元節 二月十一日
春期皇霊祭 三月二十日
神武天皇祭 四月三日
秋期皇霊祭 九月二十三日
神嘗祭 十月十七日
天長節 十一月三日
新嘗祭 十一月二十三日
日曜表
恭賀新年

明治26年(1893)

謹賀新年のはじまり

謹賀新年の文字が使われはじめるのは明治10年代中頃。まだ一般的ではなく、商売人や役人、医者などが使いはじめました

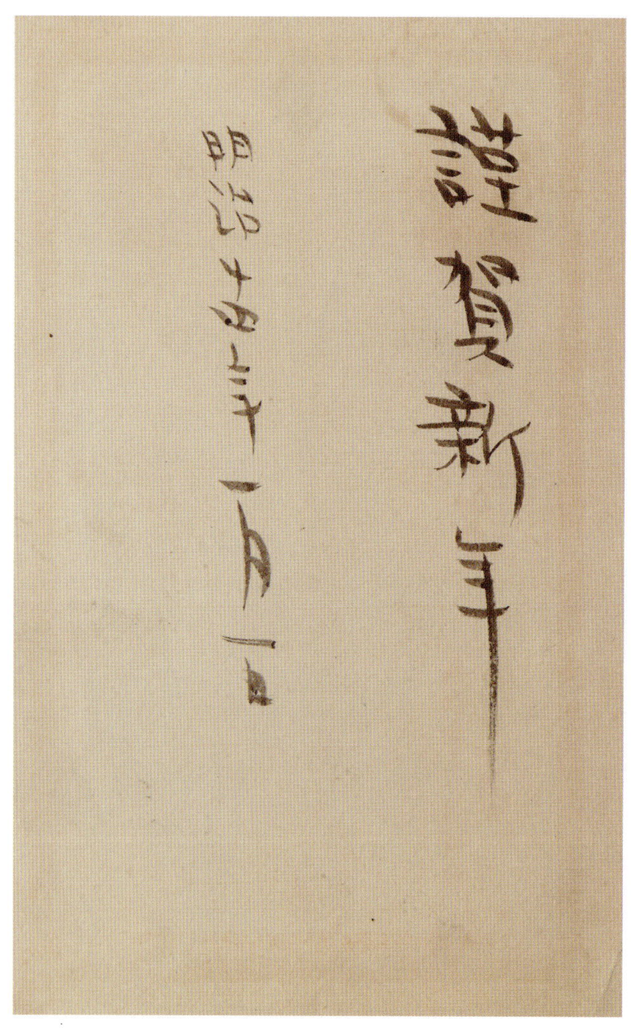

「謹んで、新年のお祝いを申し上げます」という挨拶を「謹賀新年」と表すように

明治14年(1881)

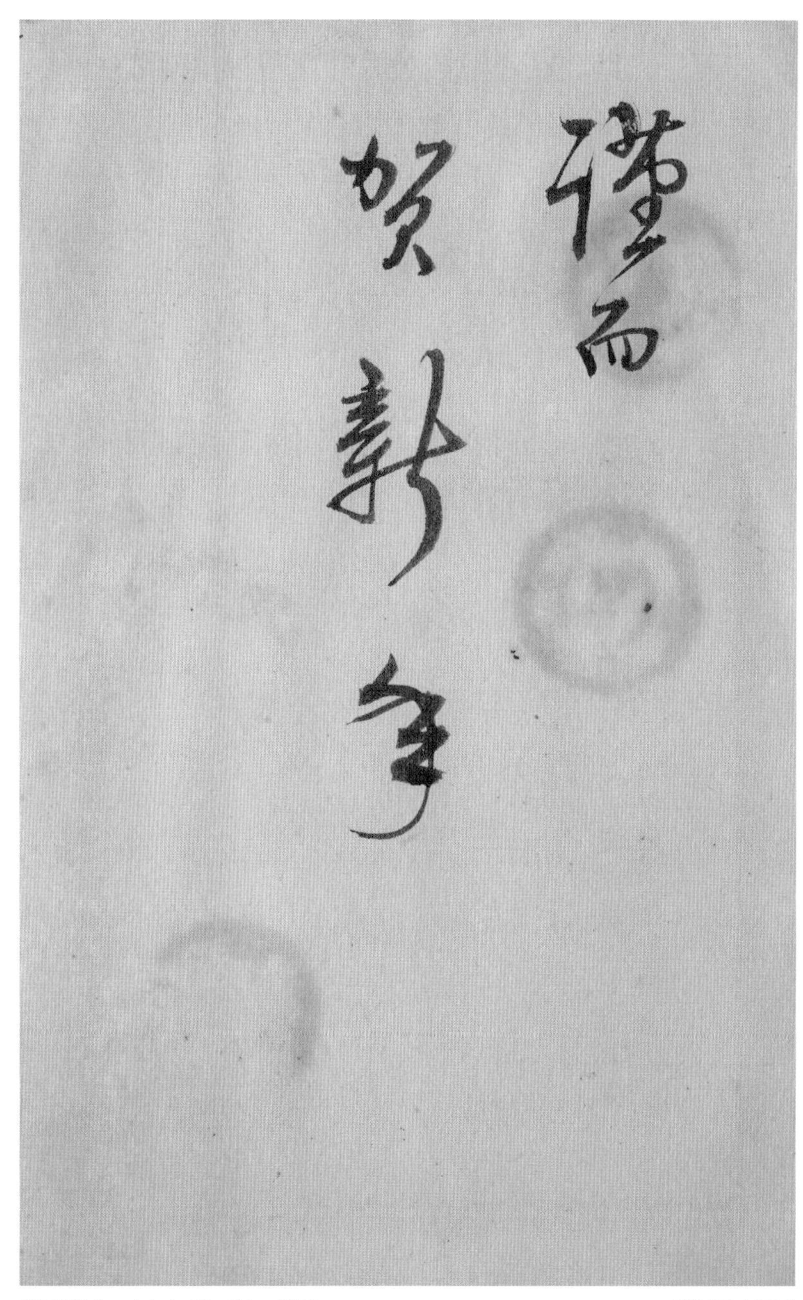

「謹而」は「つつしんで、そして」という意味　　明治17年(1884)

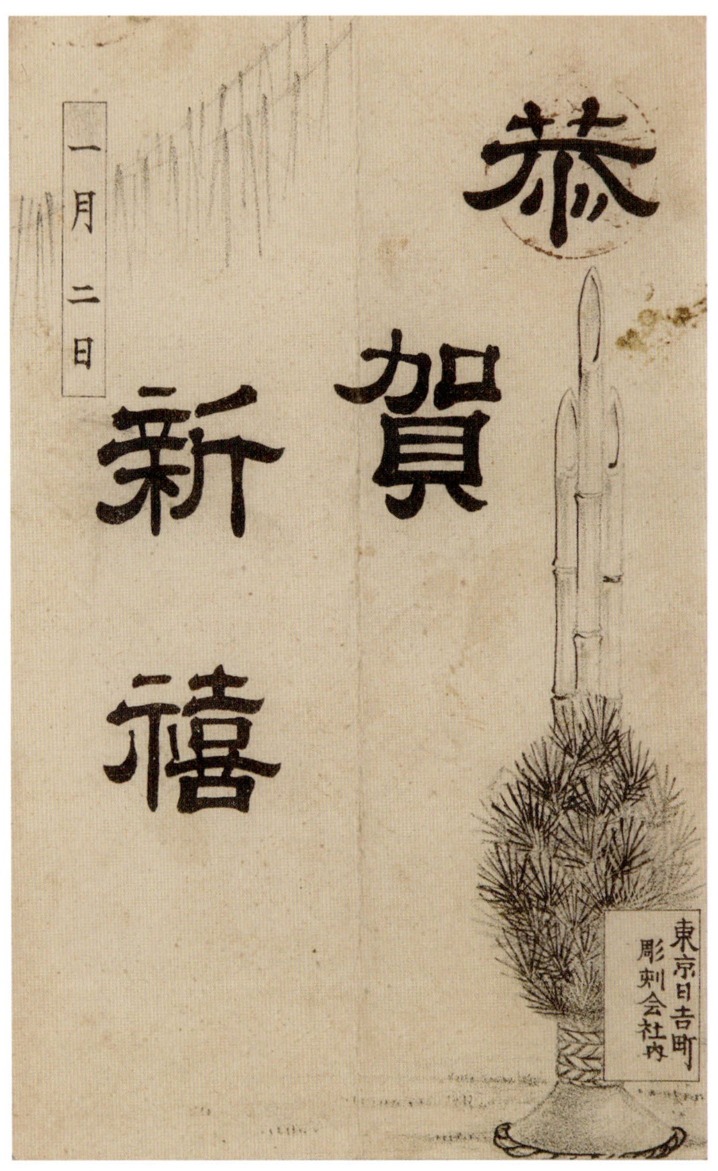

「恭賀」は「うやうやしく」という意味で、
目上の人に送る場合が多い

明治23年(1890)

明治26年（1893）

絵や色が用いられる年賀状が登場しはじめる。表面の「Y」の消印（ボタ印）は、横浜から出されたもの。大阪は「O」など、消印を見るのも楽しい

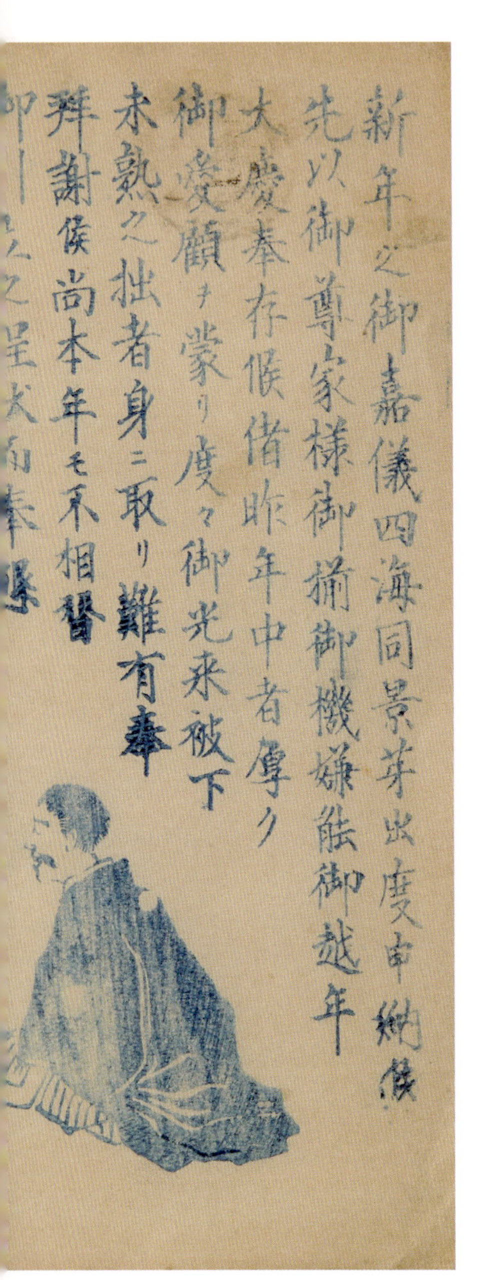
新年之御嘉儀四海同景芽出度申納候
先以御尊家様御揃御機嫌能御越年
大慶奉存候偖昨年中者厚ク
御愛顧ヲ蒙リ度々御光來被下
未熟之拙者身ニ取リ難有奉
拜謝候尚本年モ不相替

明治16年（1883）

広告年賀状

葉書が一銭といっても、庶民にはまだ贅沢品。当時、年賀状の多くは商店の広告を兼ねたものが多かったようです

❖ 江崎写真館

明治時代初期、浅草で写真館を開いたのが江崎禮二。平成16年まで続いた「江崎写真館」は、まだ年賀状が文字主流の時代から、イラスト入りの年賀状を出していた。ビジネス年賀状のはしりともいえる。左の絵柄は息子と自身をモチーフにしたもの

新暦之御吉祥四海同風芽出度申納候先以
御尊家様御揃御機嫌能被遊御超歳欣喜
之至ニ御座候
偖昨年中ハ度々御来写被成下千萬難有
奉深謝候尚本年モ不相變御愛顧之程
伏テ奉願上候恐惶謹言
一昨冬帰朝後昨春以来同業者ニ先ジ欧米斬新
の写真（カーボン）（プラチナ）撮影並ニ従来の写真ニ大改良を加へ貴需ニ
應じ撮影罷在候処諸彦の御意ニ叶ひ非常の御好評
を博し栄誉無限奉深謝候就てハ昨年最新の諸器
械数種米國へ注文致置候処昨冬到着せしニ付當春
よりハ尚一層改良を加へ謹写可仕候ニ付倍舊の御引立御来写
の程奉希望候
明治三十三年一月一日
東京市浅草公園地
江崎禮二
仝　清

明治33年（1900）

樂善堂

樂善堂とは、明治時代のジャーナリスト、岸田吟香が目薬「精錡水」(せいきすい)を販売していた会社。年賀の挨拶の末尾に「何とぞ澤山(たくさん)に御注文のほど奉冀上ます」と書かれている

明治28年(1895)

桃谷順天館

明治18年(1885)創業で、今も続く化粧品会社。創業者・桃谷政次郎の名前を見ることができる。桃と蜻蛉(とんぼ)は社章にもなっているモチーフ。この時代に、このようなきれいな絵が入ったものはまだ珍しかった

明治25年(1892)

❖ 津村順天堂

現在も販売しているツムラの中将湯。中央の中将姫と周りの人の描き方がいかにも薬の広告らしい（官葉雑記より）

明治33年（1900）

❖ 浅田飴

「御薬さらし水飴」を発売し、現代も続く浅田飴の年賀状。「たんせきに淺田飴 空腹にめし」、「良薬にして口に甘し」などユニークなコピーも楽しい（株式会社浅田飴所蔵）

明治30年（1897）

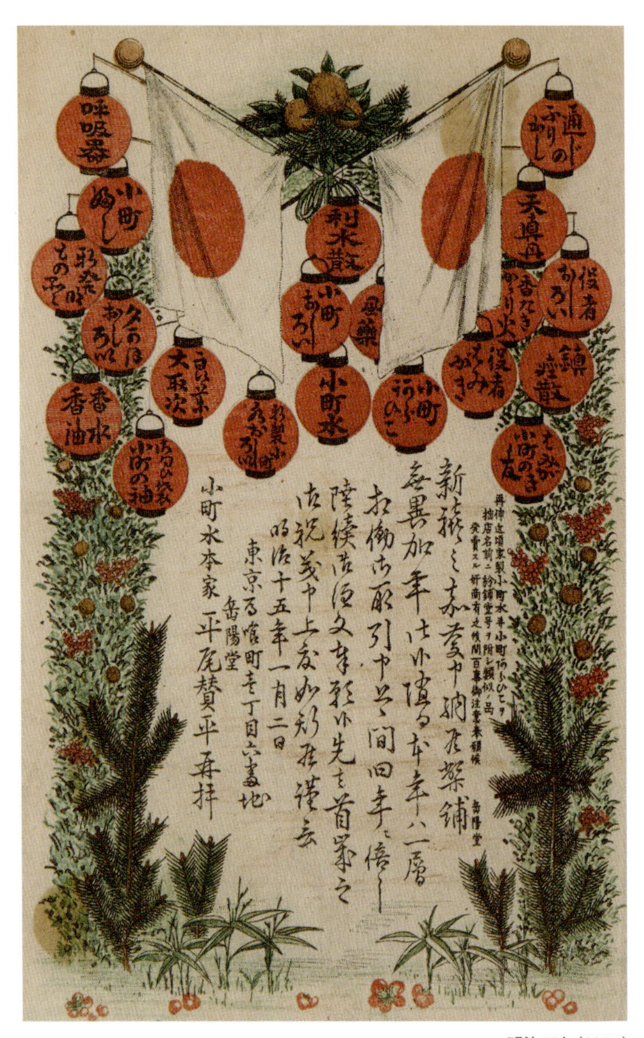

明治15年(1882)

❖ 平尾賛平商店

明治11年(1878)創業、昭和29年(1954)まで続いた化粧品会社。平尾賛平商店は、このデザインと同じ年賀状を何年も出し続けている。赤い提灯の中には「小町おしろい」「小町水」「役者おしろい」などたくさんの商品名が記されており、まさに広告年賀状である

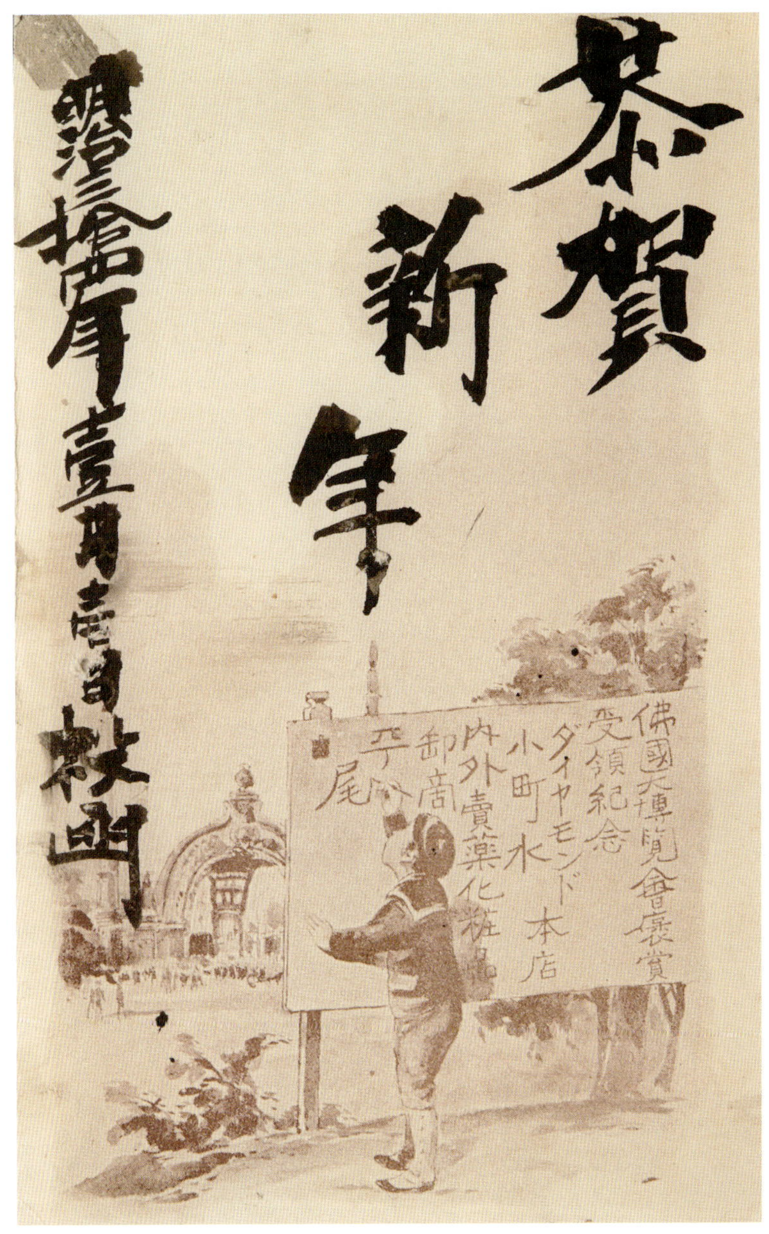

こちらは平尾賛平商店の広告葉書を使った年賀状。明治33年（1900）のパリ万博に出品し、賞を獲ったと書かれている

明治34年（1901）

❖ 松坂屋（いとう呉服店）

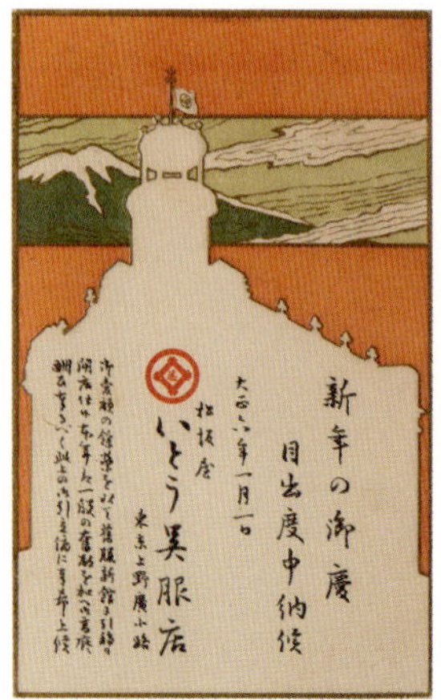

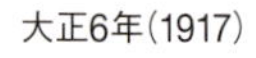
大正6年（1917）

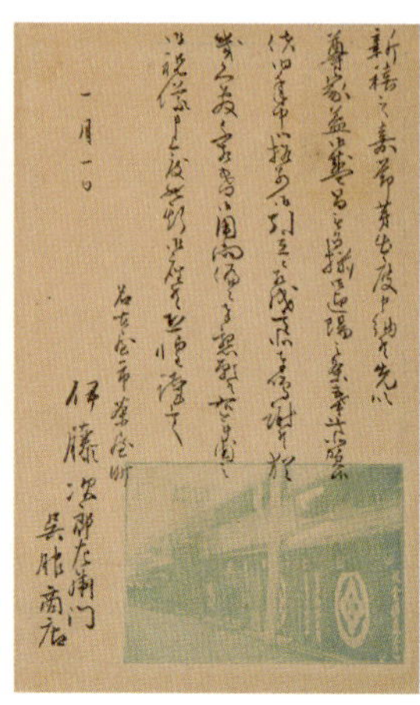
明治34年（1901）

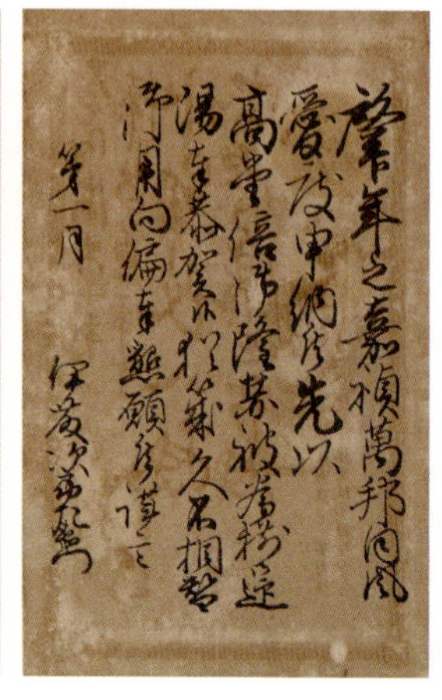
明治16年（1883）

百貨店系年賀状

今でもおなじみの各百貨店。明治の時代からお得意さまに年賀状を送っていました。明治から大正時代の変遷をご覧ください

❖ 髙島屋（飯田呉服店）

大正5年（1916）

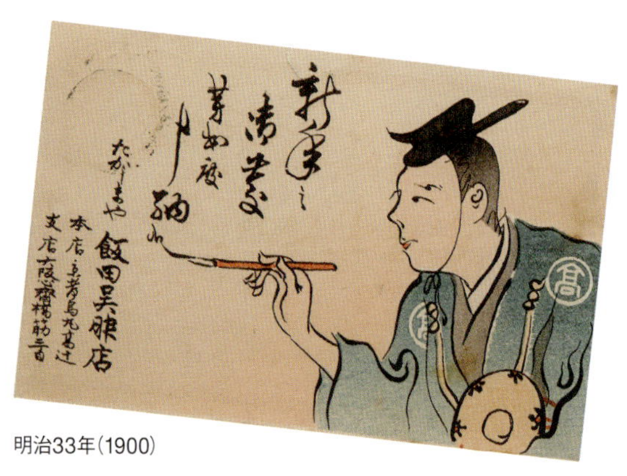

明治33年（1900）

❖ 三越
（右：三井呉服店　左：三越呉服店）

明治40年（1907）

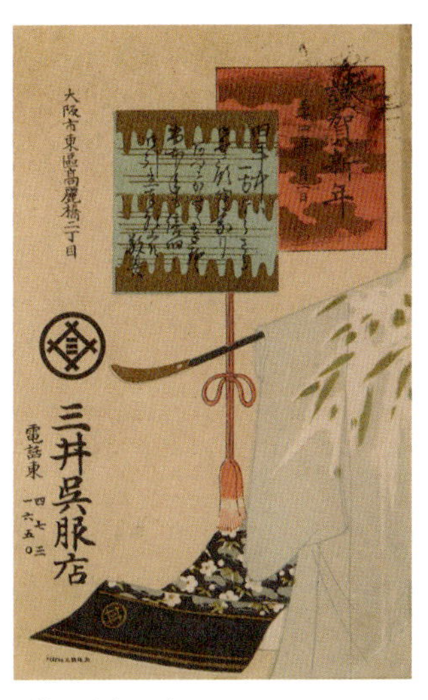

明治34年（1901）

❖ 大丸（大丸呉服店）

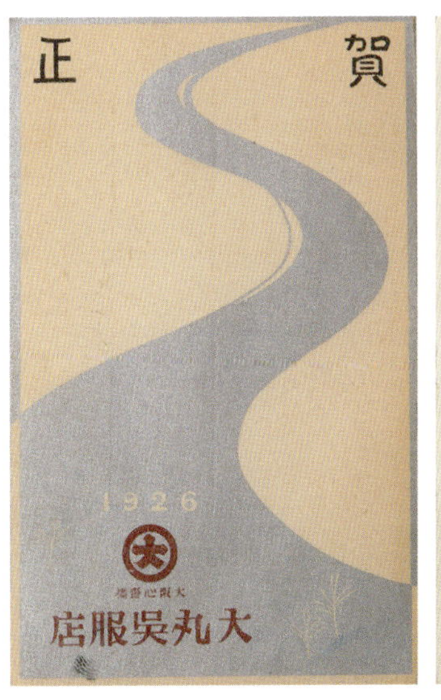

大正15年（1926）

明治42年（1909）

明治26年（1893）

「緒方」のサインは蘭学者
緒方洪庵の息子と思われる

明治34年（1901）

海外に住む日本人に宛てられた年賀状

海外に住む日本人宛に、あるいは海外でやりとりされた年賀状もあります。日本で流通した年賀状の絵柄との違いに注目です

上｜植物学者である三好学がドイツのライプチヒに留学中に複数の友人から届いた年賀状。「プロージットノイヤール」とはドイツの新年の挨拶
下｜枢密院最後の議長を務めた清水澄宛に、ブラント・エルザという女性から日本語で届いた年賀状。「おはがきをろんどんからいただきましてまことにありがとうございます。じんねんのおゆわいをまうしあげます。どうぞごきげんよろしく。じみつ様　ぶらんとえるざ」と書かれている

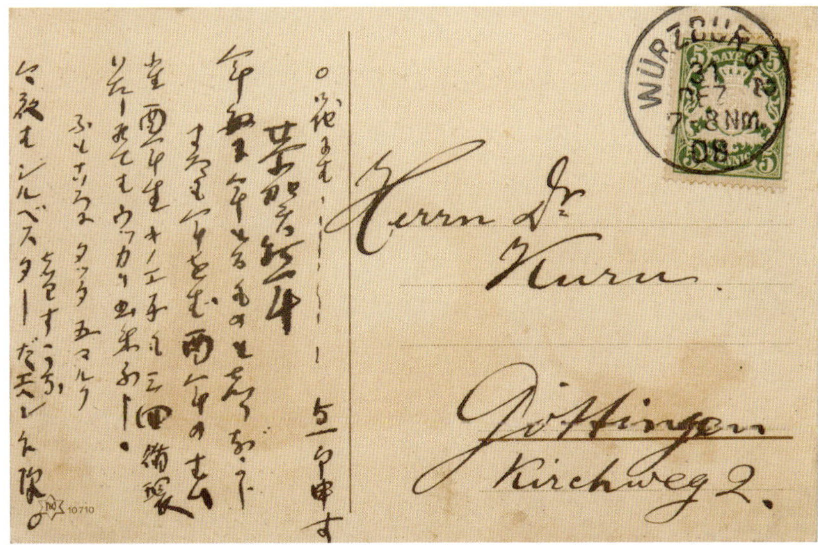

明治42年(1909)

ヴェルトハイムに住む雪子さんから、ゲッティンゲンに住むKuru博士宛てに送られた年賀状。「年毎に年とるものと知りながら、またも年をば酉年の春」と書いてある

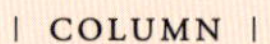

| COLUMN |

テンプレートがお目見え

明治15年（1882）頃に、絵柄の入った見本帳が出され、
人々はお気に入りの絵柄を選び、印刷していました。
活版印刷の技術が進み、年賀状の発展にも大いに貢献したのです。

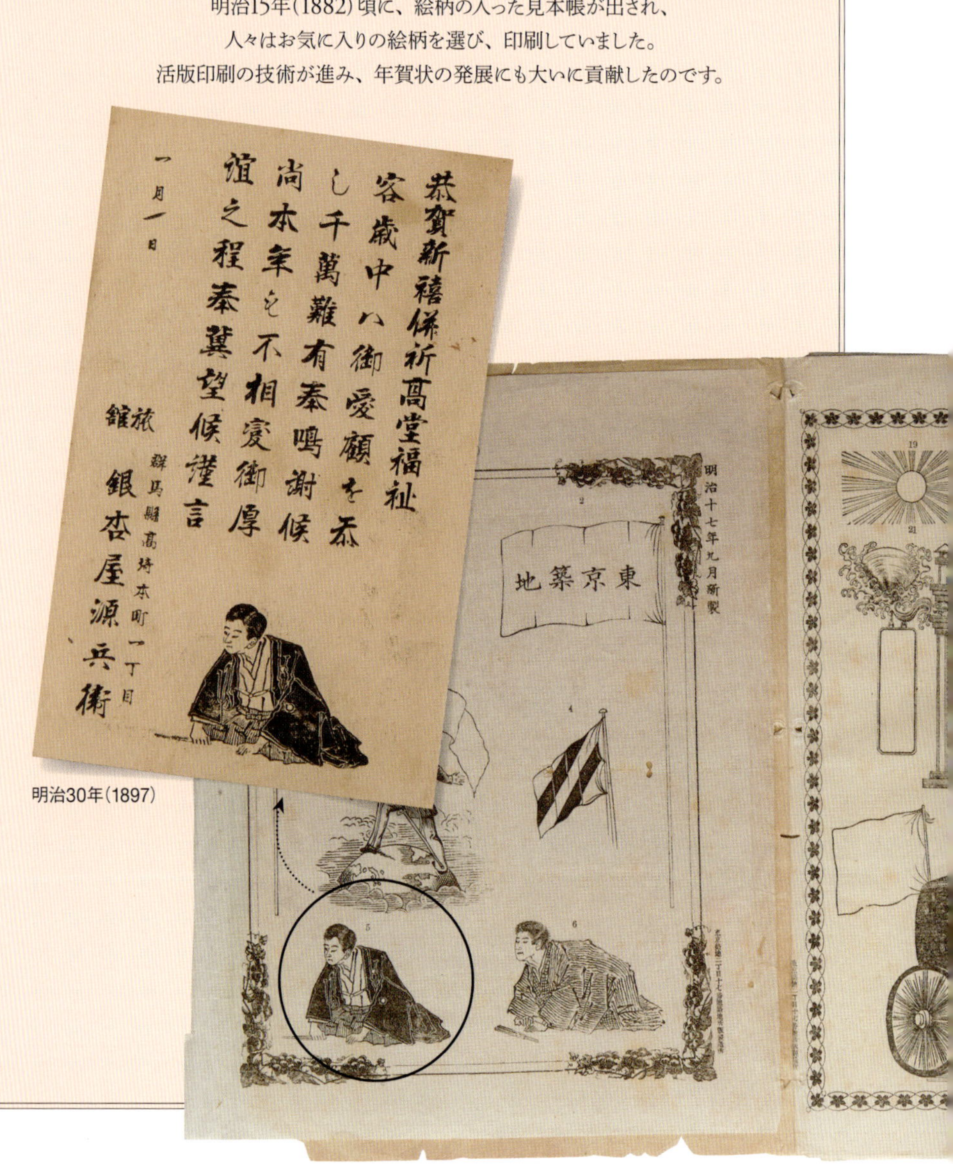

恭賀新禧併祈高堂福祉
客歳中ハ御愛顧を忝
し千萬難有奉鳴謝候
尚本年も不相變御厚
誼之程奉冀望候謹言
一月一日
旅館
群馬縣高埼本町一丁目
銀杏屋源兵衛

明治30年（1897）

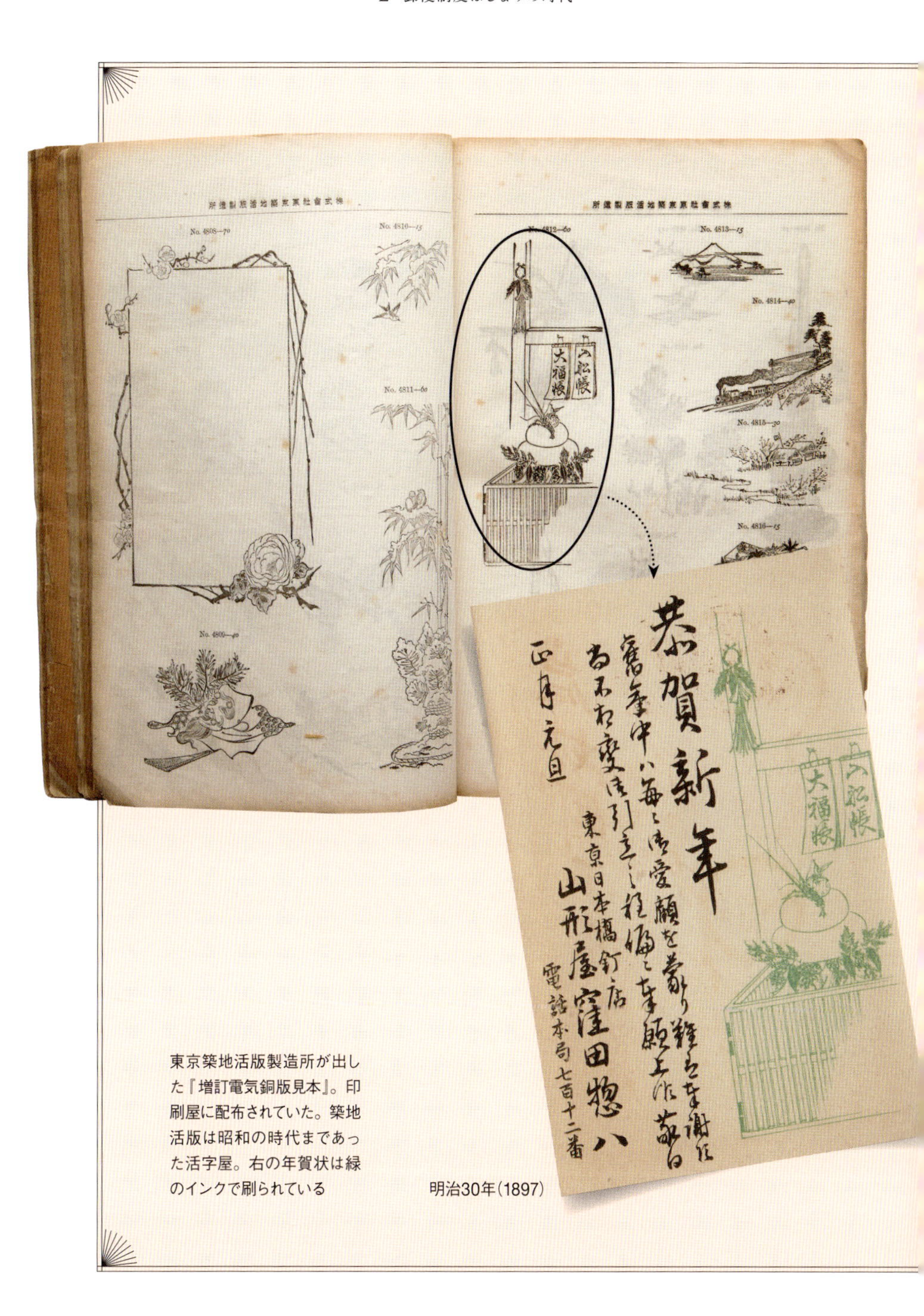

東京築地活版製造所が出した『増訂電気銅版見本』。印刷屋に配布されていた。築地活版は昭和の時代まであった活字屋。右の年賀状は緑のインクで刷られている

明治30年（1897）

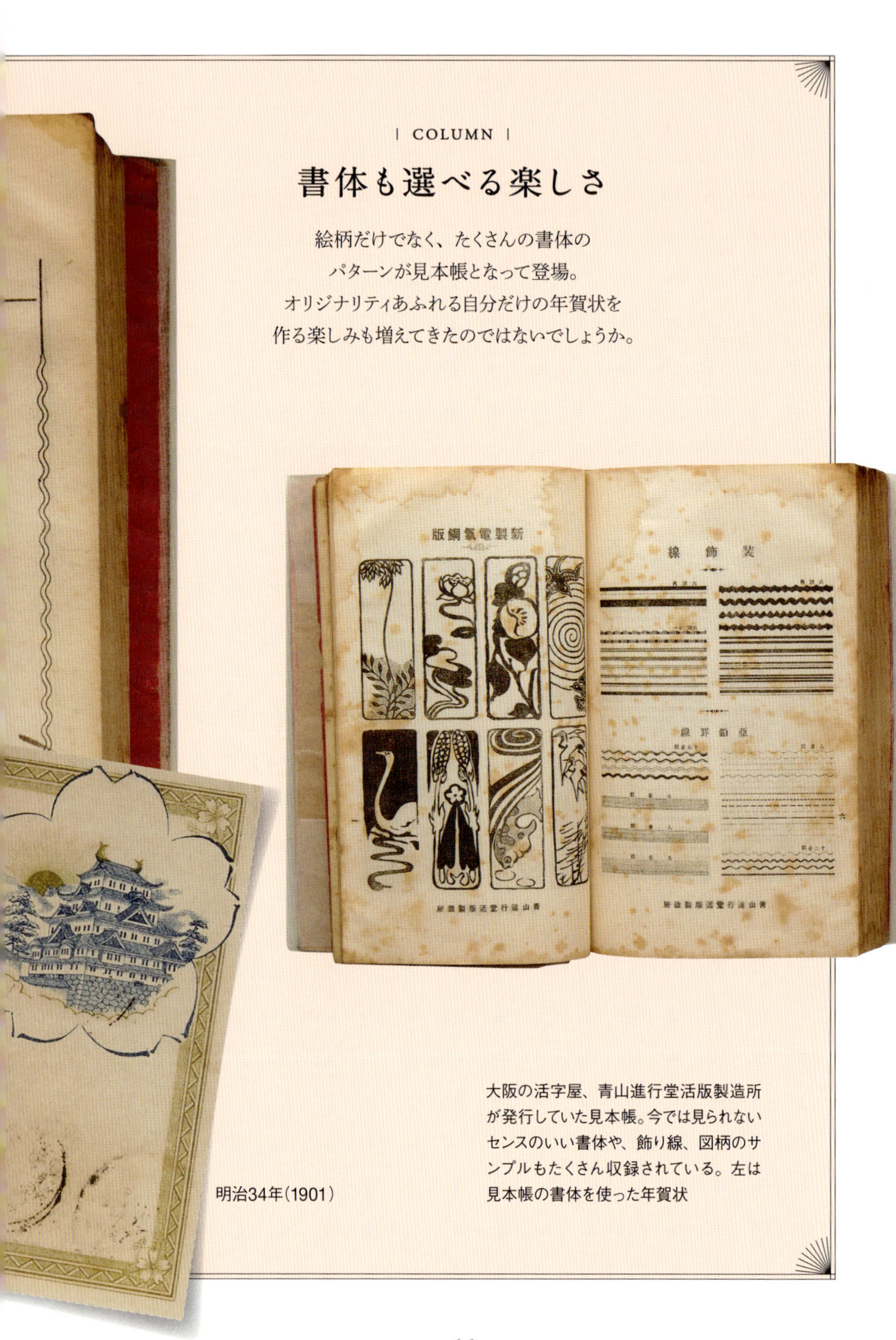

| COLUMN |

書体も選べる楽しさ

絵柄だけでなく、たくさんの書体の
パターンが見本帳となって登場。
オリジナリティあふれる自分だけの年賀状を
作る楽しみも増えてきたのではないでしょうか。

明治34年(1901)

大阪の活字屋、青山進行堂活版製造所が発行していた見本帳。今では見られないセンスのいい書体や、飾り線、図柄のサンプルもたくさん収録されている。左は見本帳の書体を使った年賀状

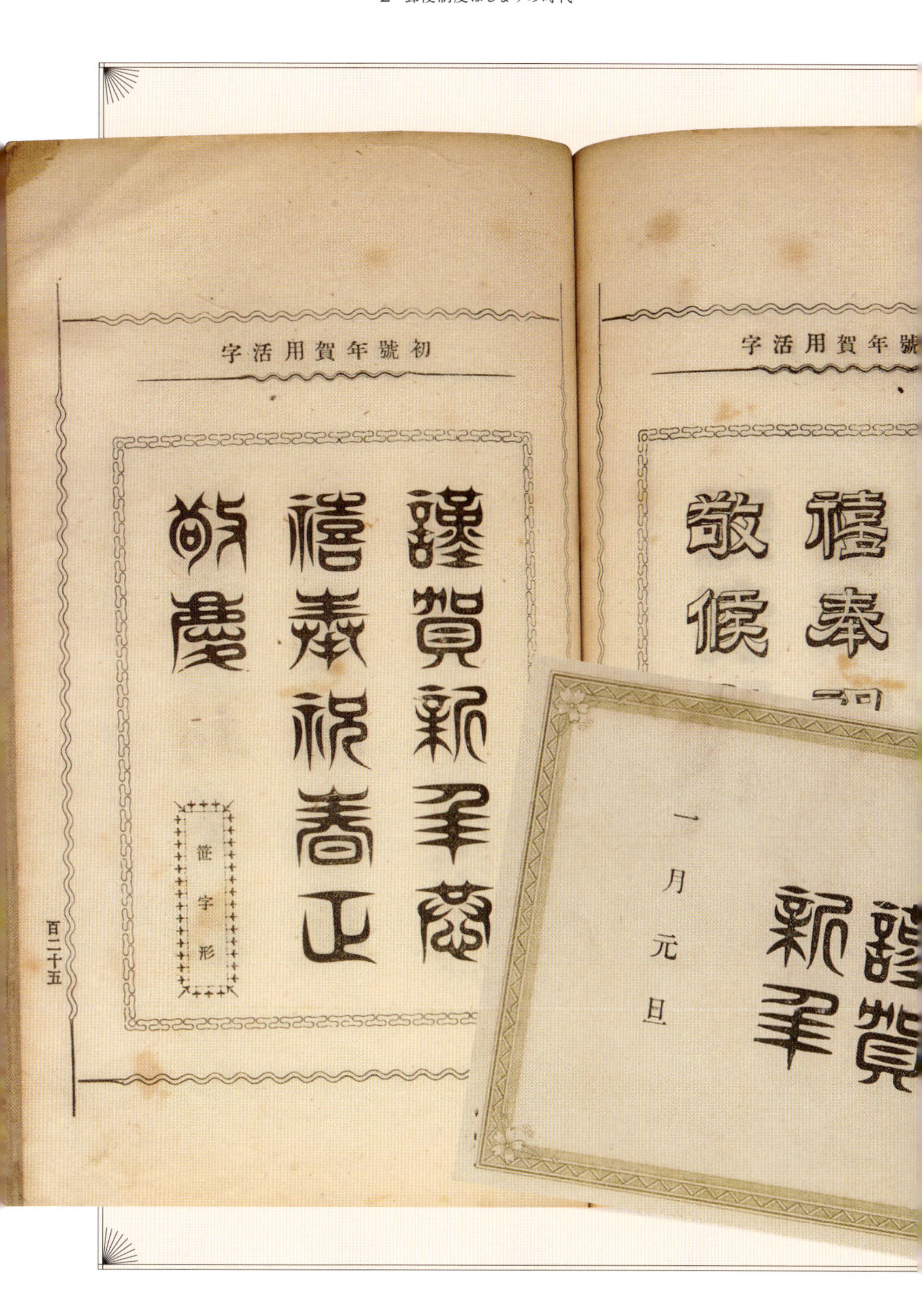
初號年賀用活字
笹字形
百二十五
號年賀用活字
謹賀新年
一月元旦

Chapter

3

私製葉書が認可されてから

明治33年（1900）は、年賀状の歴史においてひとつの転換点でした。明治6年（1873）に葉書（最初は二つ折り）が登場して以来、封書は第一種郵便で市内一銭、市外二銭、官製葉書は第二種郵便で市内半銭、市外一銭、私製葉書は、第一種郵便扱いで送料が割高でした。しかし、この年に制定された郵便法により、私製葉書も官製葉書と同じ「葉書」と認可され「第二種郵便」扱いになったのです。書状は三銭、葉書は一銭五厘と定められました。ここから、年賀状は一気に華やかな世界へと進んでいきます。

年賀状の歴史 3

明治時代

明治時代

- **1900**（明治33）年 ………… **10月、私製葉書が認可される**
  12月、年賀郵便物特別取扱規程を定める
  ・取扱期間12月中
  ・把束して記票を付し、局に差し出す

- **1901**（明治34）年 ………… **1月、私製葉書の年賀状が増加**

- **1905**（明治38）年 ………… 1月、年賀葉書概数1億1千万通（推測）
  12月、すべての郵便局で「年賀郵便物特別取扱」がスタート

- **1906**（明治39）年 ………… 12月、年賀特別郵便規則施行、制度確立
  （取扱期間12月15日～29日〈10通以上〉）

- **1907**（明治40）年 ………… 年賀状が4億通を突破
  4月、絵葉書の表面（宛名面）下部3分の1に通信文の記載が可能に。
  12月、年賀郵便のポスト投函が可能に

ボーダーを着たウサギがサイクリング!?　私製葉書第二種郵便認可後の、明治36年（1903）卯年の年賀状

意匠斬新 郵便書はかき

○郵便書はかきは歐米各國到處に行はれ廣告にも利用すべく引札にも利用すべく何に限らす寫して彩書となせるより音信消息の外に各地商工業の模樣も此れにて知られ名勝古跡も往かすして見られ風俗も流行も知らるゝの便あれば家庭教育の一端にもなり夜

私製葉書販売のチラシ

「私製葉書が（葉書として）認可されるので、京都名勝の風景を写し、印刷して販売します」と書かれたチラシ。全国に「絵葉書出版社」なるものができ、市井の人々は葉書の世界を謳歌しはじめました

湖の高需に應せんとす希くは續々御注文あらんことを

○郵便書はがきの体裁は歐米各國の意匠を參酌し實用に適し優美を專らとす

○御注文に從ひ肖像、商標、商店、工場又は風景、教育、書等隨意の御好に任せ印刷調製すべし
但印刷の種類は寫眞版、石版、活版、銅版、木版等とす

○原圖は鮮明なる寫眞又は圖畫の御送付を要す
但市內の御注文に限り寫眞及意匠を要せらるゝ向は御通報次第寫眞師又は畫工を差遣し御便利を計り可申上候也

京都市三條通東洞院東入

諸印刷所 合資商報會社

（電話拾四番）

明治33年（1900）9月

年賀状はカラフルに

明治34年(1901)の年賀状から、私製葉書が多く登場してきます。彩色豊かで趣向を凝らした年賀状のブームにつながっていきます

明治40年(1907)頃

明治36年(1903)

明治38年(1905)

2章で紹介した年賀状と比較すると、デザインや色遣いの違いがよくわかる。印刷技術も石版多色刷りへと進化し、表現の幅が大きく広がった

明治42年(1909)

明治35年(1902)

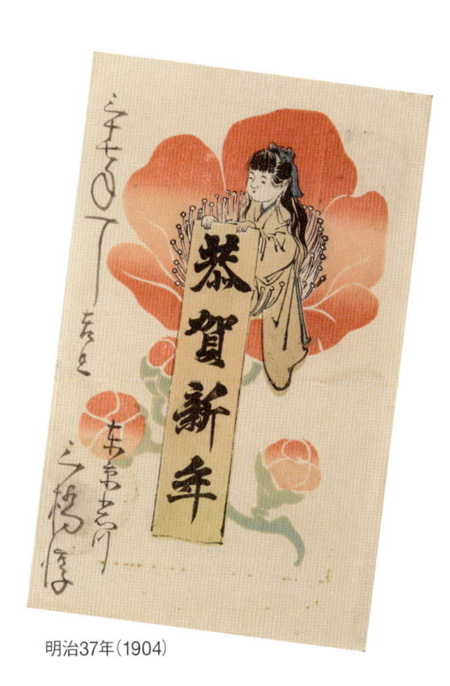

明治37年(1904)

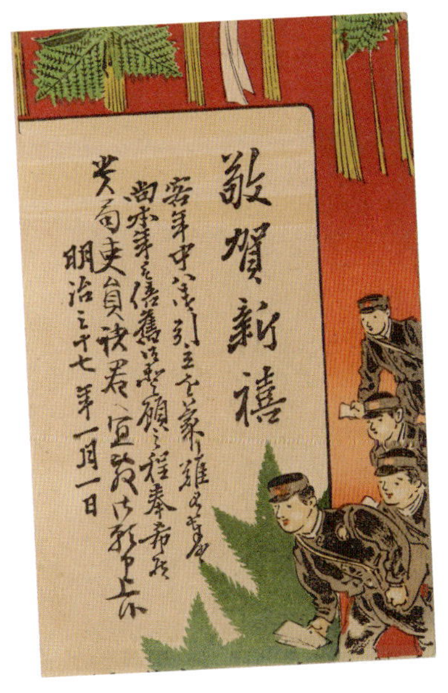

明治37年(1904)

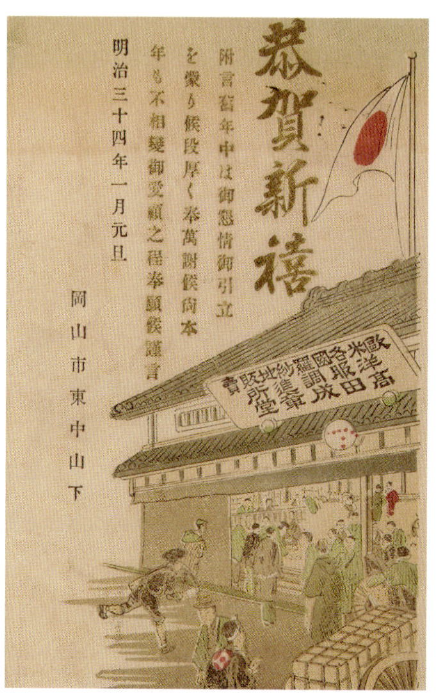

もしや流行の絵柄？

同じ絵柄に異なる文字。絵柄が印刷された葉書を買い、住所や挨拶を印刷するという、今のセミオーダー年賀状の原型ともいえます

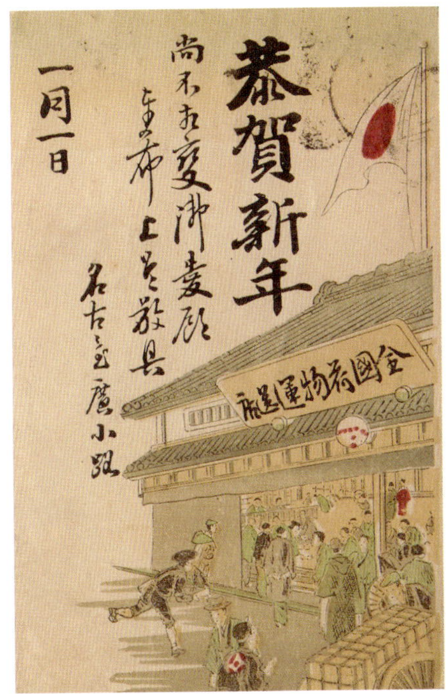

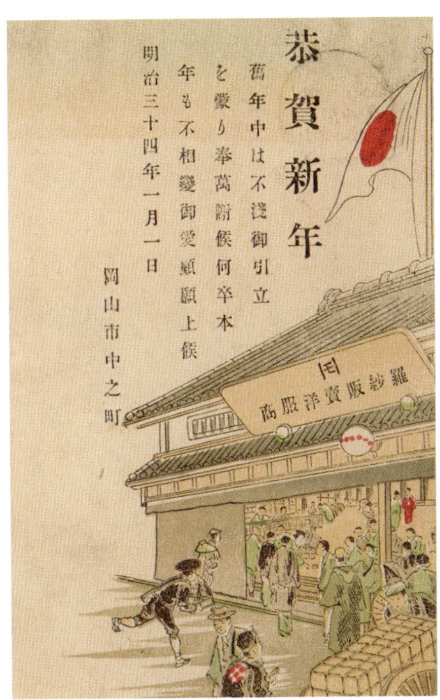

すべて明治34年(1901)

こちらも明治34年(1901)、私製葉書認可後初の年賀状。「どんな絵柄にしようかね」と、うっかり流行りものを選んでしまって、他のお店と同じになってしまったのか

日露戦争と年賀状

明治37年（1904）にはじまった日露戦争もまた、年賀状ブームの後押しとなりました。戦地からの郵便は無料となり、人々にとって葉書は近況を知らせる重要なアイテムとなったのです

明治38年（1905）

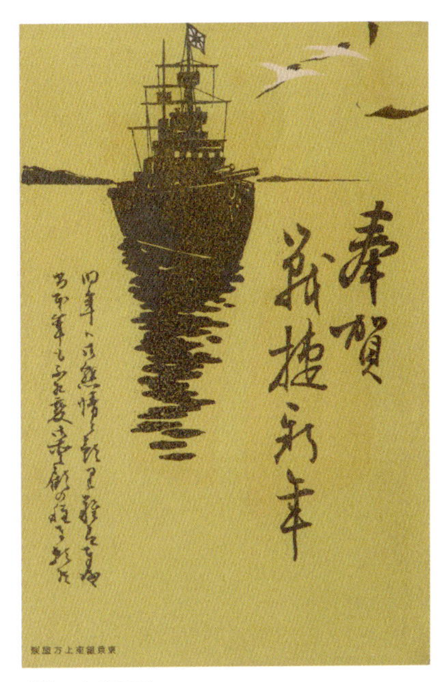

明治38年(1905)

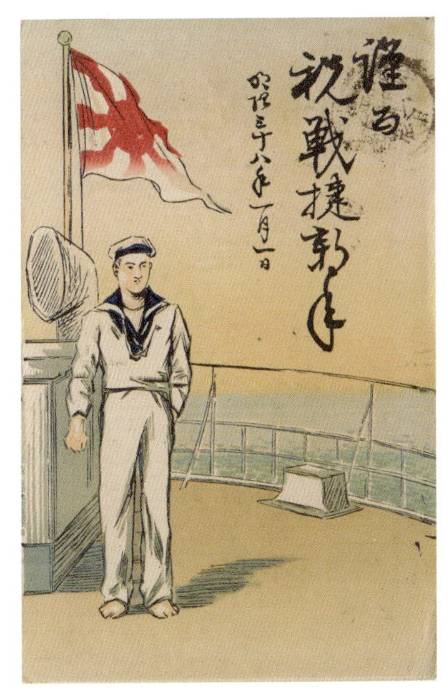

明治38年(1905)

明治39年(1906)

蓋平附近ニ於ケル野戰電信隊ノ電線架設

UTTING UP OF TELEGRAPHIC LINES BY FIELD TELEGRA-
HIC CORPS NEAR KAIPING.

蓋州河ニ於ケル工兵ノ軍橋架設

BUILDING A BRIDGE BY MILITARY ENGINEERS ACROSS
THE KAI-CHON.

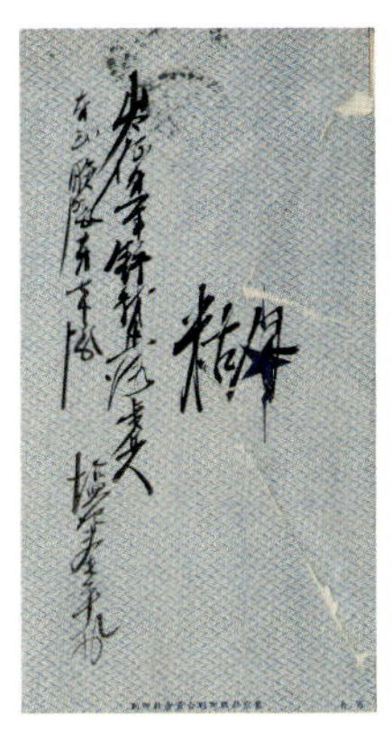

当時は「軍事郵便」があり、戦地からの送料は無料だった。軍人にはこのような折りたたみ式の手紙用紙が配布され、お正月には家族に宛て、新年を祝う年賀状を送っていたようだ。左の写真が折りたたんだ表面と裏面、下が中を開いた状態

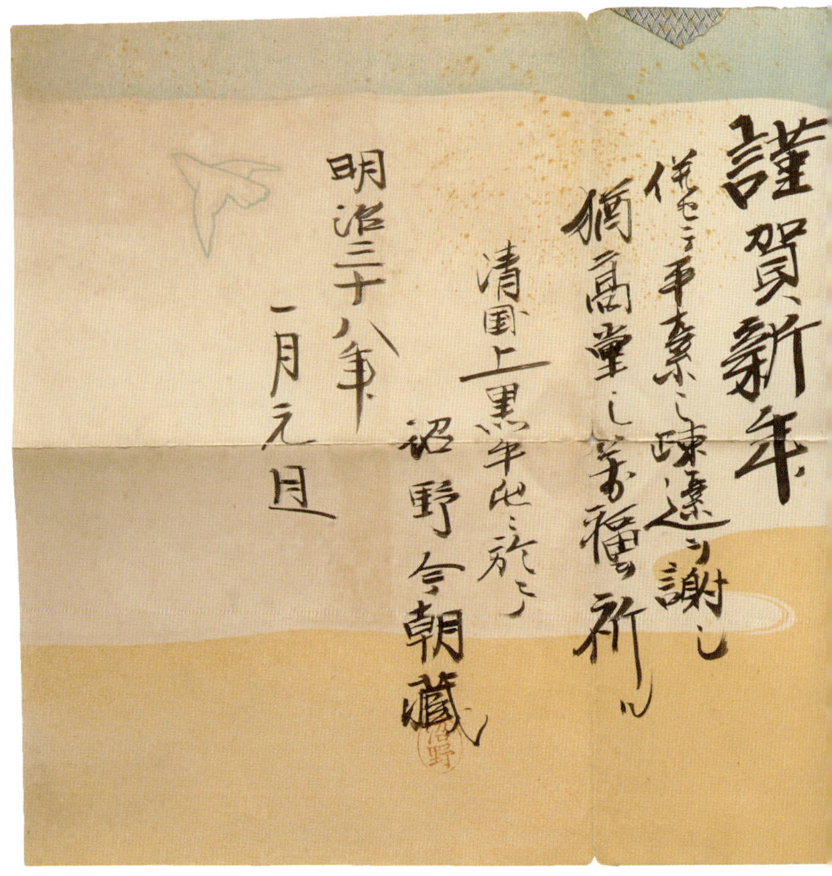

謹賀新年
併セテ平素ノ疎遠ヲ謝シ
猶高堂ノ萬福ヲ祈ル
清国上黒[illegible]ニ於テ
沼野今朝蔵
明治三十八年
一月元旦

明治38年(1905)

逓信省のグリーティングカード

国際間の郵便のやりとりを扱う「万国郵便連合」。日本が加盟したのは明治10年(1877)です。明治19年(1886)、日本の逓信省は初めて各国の逓信省宛に、新年のグリーティングカードを送ります

最初に送られたカード。クリスマスも一緒に祝う言葉が記されている　明治19年(1886)

［和訳］

「日本の逓信大臣　並びに　逓信省役人一同は
あなた方に敬意をもって
心からの年賀をさしあげる次第です」

(以下、すべて同じ文章が書かれています)

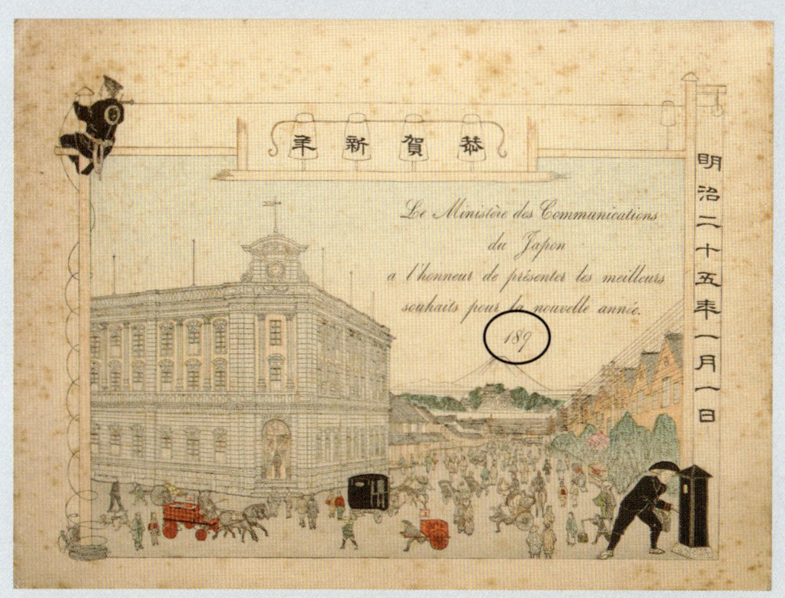

上｜京橋の逓信省の建物と、逓(郵便)と、信(電話)の仕事が描かれている。皇居の向こうには富士山が見える
下｜裏面は当時の逓信大臣・後藤象二郎の肖像。上(表面)の年号表記が途中までしか記されていないのと、下(裏面)には「参號」とあり、このカードはプレゼン用だったことがわかる

明治25年(1892)

LE MINISTRE DES COMMUNICATIONS

DU

JAPON

ET LES FONCTIONNAIRES DE SON DÉPARTEMENT ONT L'HONNEUR DE VOUS PRÉSENTER LEURS VŒUX SINCÈRES POUR LA

NOUVELLE ANNÉE

TOKIO LE 1ER JANVIER 1912

逓信省の建物の写真が登場。手前に運河も見える。
現在の銀座郵便局の近く

明治45年(1912)

逓信省のカード　約14cm×19cm

p.83の明治25年のカード　約17.5cm×24cm

Le Ministre des Communications du Japon et les fonctionnaires de son Département ont l'honneur de vous présenter leurs vœux sincères pour la nouvelle année.

Tokio, le 1er Janvier 1913

明治天皇崩御により、黒枠のデザインに

大正2年(1913)

Le Ministre des Communications du Japon et les fonctionnaires de son Département ont l'honneur de vous présenter leurs vœux sincères pour la nouvelle année.

Tokio, le 1er Janvier 1916

大正4年(1915)に行われた大正天皇即位の礼を祝う絵柄。白い文字は右から「萬歳(ばんざい)」と書かれている

大正5年(1916)

〈中面〉　大正11年(1922)

〈表紙〉

明治4年(1871) 4月20日に東京―大阪間に初めて新式郵便制度が創始されてから50年、記念式典が盛大に挙行された際の記念切手。(切手左上・右下)国旗、最初の郵便旗、現郵便旗を描き、4隅に最初発行の郵便切手(竜文切手) 4種を配す。(切手右上・左下) 郵便創業の功績者、前島密の銅像および逓信省庁舎の全景を描き、枠に創業50年にちなんだ星章50個を配している。この切手が翌年のカードデザインに採用された

| COLUMN |

万国郵便連合加盟国の国際年賀状

明治32年(1899) 帝国ケルン上級郵便管理局

明治36年(1903) 雷と電話機(ホンジュラス)

明治38年(1905) 電線(ドイツ)

明治38年(1905) ライプチヒ鉄道乗務員

明治38年(1905) ベルン郵政庁舎(スイス)

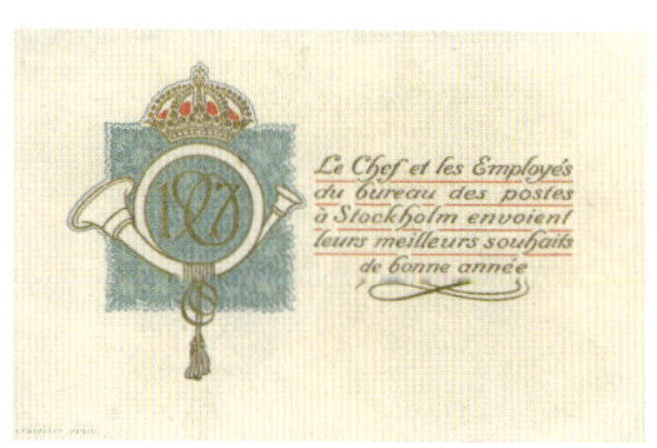

明治40年(1907) スウェーデンの郵便徽章

郵政博物館提供

Chapter

4

年賀状ブーム到来

年賀状が最も美しく、人々が楽しんだ時代が明治38年（1905）から45年（1912）の頃。38年の年賀状が概数1・1億通で、40年には4億通に及んだというから、その熱狂ぶりがわかります。印刷技術の向上や「美術絵葉書」のブーム、絵葉書出版社の隆盛なども年賀状文化を花開かせた要因でした。当時の年賀葉書商戦では、約1500種類の年賀状が販売されていたようです。4章では、年賀状の美しく楽しいデザインをご紹介します。こんなにも美しい年賀状が行き交っていた時代。なんとも素敵ではないですか。

橋本邦助
左｜明治39年(1906)
右｜明治40年(1907)

芝千秋 明治39年(1906)

美術絵葉書とは

年賀状のデザインレベルが上がったのは、明治33年(1900)の私製葉書認可後、
絵葉書ブームが到来して「美術絵葉書」というものが登場したことが
大きな要因です。日本画家や洋画家の大家たちが、葉書という
小さな世界に作品を発表しはじめます。この流行から数年遅れて、
年賀状にもそのブームがやってきました。美術絵葉書のDNAを受け継ぎ、
明治40年代の年賀状ブームが到来したと言えるでしょう。

中澤弘光
左｜明治41年(1908)
右｜明治40年(1907)

藤島武二
明治39年(1906)

美術絵葉書を描いていた橋本邦助、
藤島武二、芝千秋、中澤弘光ら、
画家による年賀状

神坂雪佳

慶応2年(1866)、京都御所警護の武士の長男として誕生。近代琳派の継承者としても注目を浴びた神坂雪佳は、典雅でモダンな作風が海外でも高く評価されている絵師のひとりです。年賀状にもまた、名作を残しています

明治45年の勅題「松上鶴」を描いた年賀状　明治45年(1912)
＊勅題については、p.112でご紹介しています

大正3年(1914)

明治45年(1912)

明治43年(1910)

明治41年(1908)

弘治元年(1555)、法衣装束商として創業した京都の西村總左衛門商店(現在の株式会社千總)の年賀状。「雪佳はん」と呼ばれて親しまれていた人気絵師に、年賀状の図案をお願いするという風流な時代が垣間見える

大正8年(1919)

大正5年(1916)

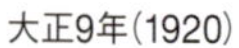

大正9年(1920)

大正10年(1921)

西村總左衛門商店は国内向けの商いを「南店」で、海外向けの商いを「北店」で行い、年賀状もそれぞれ異なるものを作っていた。p.93が北店の年賀状。こちらの4点は南店のもの

| COLUMN |

神坂雪佳 絵葉書の世界

明治24年(1891)創業、現存する日本で唯一の手摺木版和装本出版社、京都の芸艸堂(うんそうどう)から出された、神坂雪佳による絵葉書です。出版社ということで「本を読む」をテーマに描かれ、当時セット販売されたもの。年賀状とはまた異なる、葉書サイズに収められた芸術品です。

すべて明治37年(1904)

エンボス加工

印刷技術や紙質の向上により、年賀状の世界は一変します。当時の最新技術は、小さな葉書に率先して採用されたとか。人々はこぞって、この加工技術を楽しんだのでしょう

明治40年（1907）

明治42年(1909)

明治41年(1908)

明治42年(1909)

漫画の元祖・ポンチ絵

ポンチ絵とは、滑稽で風刺的な絵を指す漫画の原点。年賀状にもさっそく登場します。こちらは、京都高等工芸学校(現在の京都工芸繊維大学)の先生と生徒で描いたもの。明治時代の人々の遊び心です

すべて明治38年(1905)

すべて明治41年(1908)

ハイカラ漫画

漫画系の年賀状は人気を博し、種類もたくさん登場します。ハイカラとはhigh collar(高い襟)が語源。西洋の流行をいち早く取り入れた年賀状を見ることができます

楽天漫画

北澤楽天(明治9年〈1876〉～昭和30年〈1955〉)は、明治・大正・昭和の時代にかけて活躍した日本で最初の漫画家。風刺漫画を得意とし、年賀状にもクスッと笑える愉快な日常が描かれています

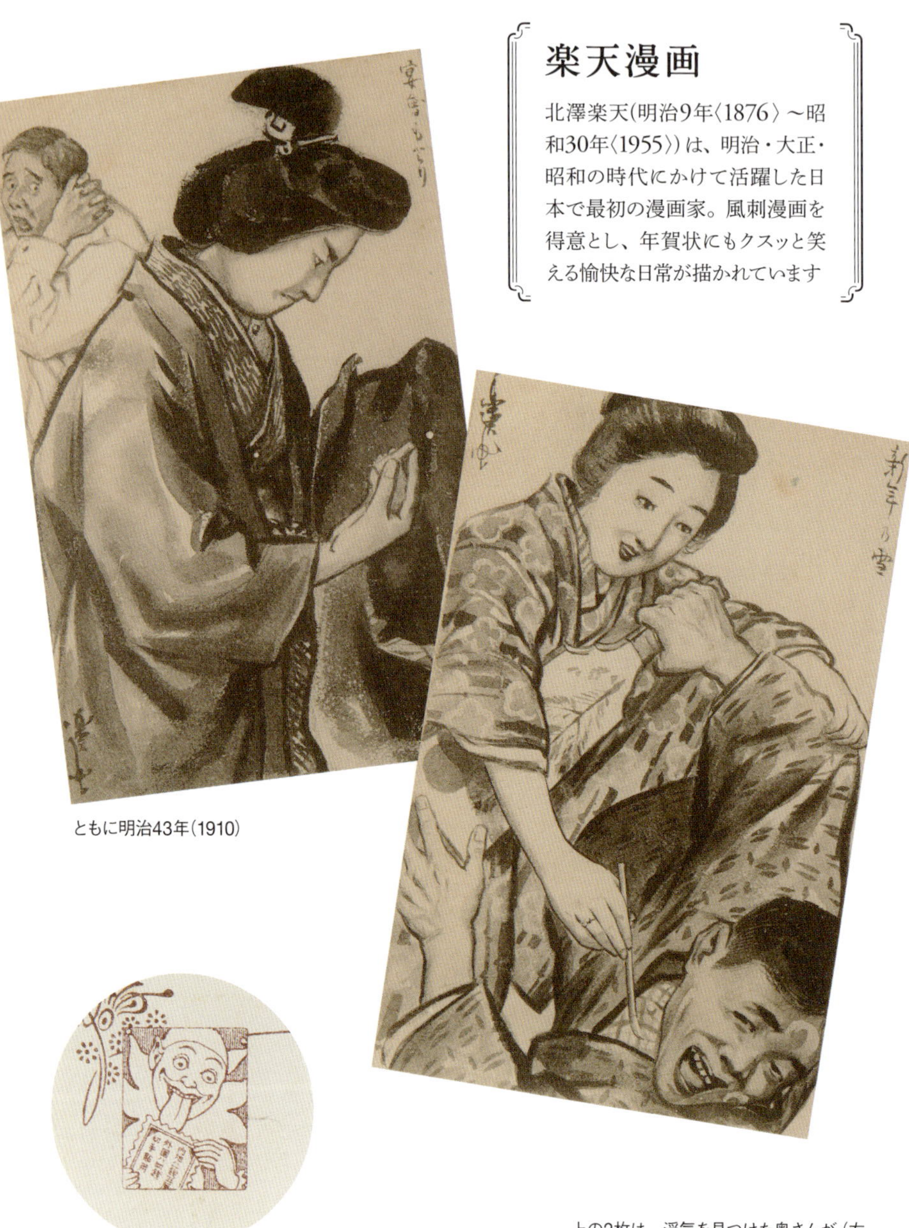

ともに明治43年(1910)

葉書表面の切手貼付枠も凝ったデザインになっている

上の2枚は、浮気を見つけた奥さんが(左上)、お仕置きに旦那の顔に墨を塗ろうとしているところ(右下)を描いたものであろう

「とんだこと ナイフ ホークに 罪をきせ」
と書かれている

明治43年(1910)

| COLUMN |

60年前と今では大違い!?

楽天が自身の年賀状として描いたもの。年賀状には「大変革の明治戊辰と天下泰平の昭和戊辰」と書かれています。戊辰戦争のあった明治元年(1868)から60年後、昭和3年(1928)の年賀状。「60年も経つと、床に寝転んでのんきなものよ」ということでしょうか。

昭和3年(1928)

明治41年(1908)

男と女

愛する人に送る年賀状は、このような絵柄だったのかもしれません。注目したいのは、男性が洋装、女性が和装という点。過去の年賀状には、このように時代を感じさせるおもしろさもあります

明治42年(1909)

明治41年（1908）

色遊び

この時代は、色鮮やかな年賀状も好まれました。こんなにも鮮やかな色の多色シリーズ年賀状があったのに驚き！

明治42年（1909）

①

②

ニワトリの恋

4枚組からなるストーリー年賀状です。4人の友人に送って、組み合わせて楽しんだのでしょうか。なかなかユニークな物語が描かれているようです。明治42年(1909)の酉年の年賀状

④

③

このような物語だったのでは。①カラスのボーイフレンドと歩く雌のニワトリに恋をする雄のニワトリ。②カラスに決闘を挑む。③受けて立つ！ ④「あ、取られちゃった……」
すべて明治42年(1909)

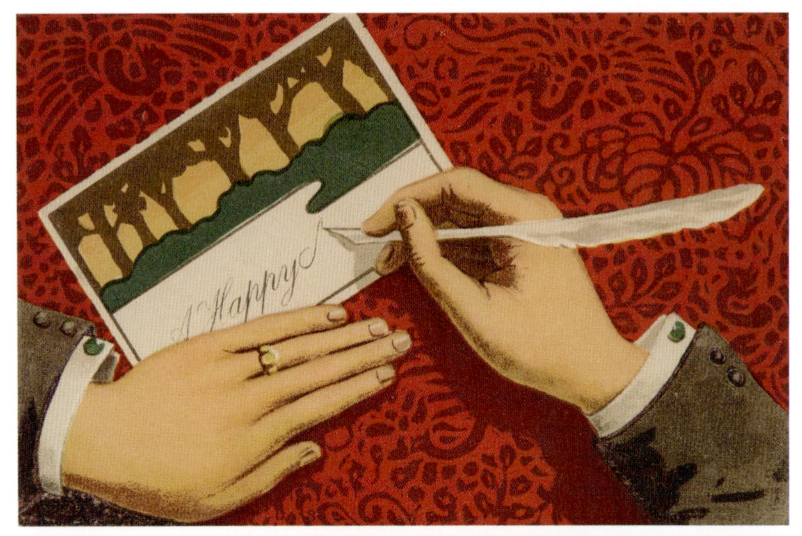

上｜明治40年(1907)
下｜明治42年(1909)

横書きの流行

この頃から横書きのものが流行りはじめます。凝った意匠や色の美しさ、エンボス加工など、華やかさを極めた時代の代表的な年賀状といえるでしょう

上｜明治40年(1907)
下｜明治41年(1908)

ともに明治40年(1907)

金箔銀箔鶴と亀

贅沢な箔の年賀状も登場します。明治30年代の年賀状とは比べものにもならないほど美しく、新年を祝うのにふさわしい、おめでたいものでした

池田物外と山田清

この時代に活躍した画家（どちらも生没年不明）作の年賀状。多くは複数枚の組みで販売され、その世界観を楽しむ人も多かったようです。上が池田物外で、下が山田清の作品です

すべて明治41年（1908）

すべて明治42年（1909）

かわいらしい郷土玩具

日本各地で作られている「郷土玩具」はかわいらしいモチーフで、年賀状の世界でも愛されてきました。伝統工芸品は人気で、デザイン化しやすかったのか、多くのメーカーが取り入れた図案だったようです

明治42年（1909）

すべて明治41年(1908)

明治の天使たち

この頃になると、天使の図柄も登場します。クローバーやトランプ柄も当時人気の図案。エンボスや多色刷りなど、贅沢に作られた年賀状です

| COLUMN |

勅題（ちょくだい）

今でも歌会始の習慣はありますが、天皇から前もって歌会始で詠む御題に指定されるものを「勅題」といいます。年賀状の世界でも勅題をテーマに作られたものが多数残されています。ここでは明治45年(1912)の勅題「松上鶴」で作られた年賀状をご紹介します。

当時の知識人層を中心に、教養の発露として勅題のテーマにちなんだ創作が嗜まれていた

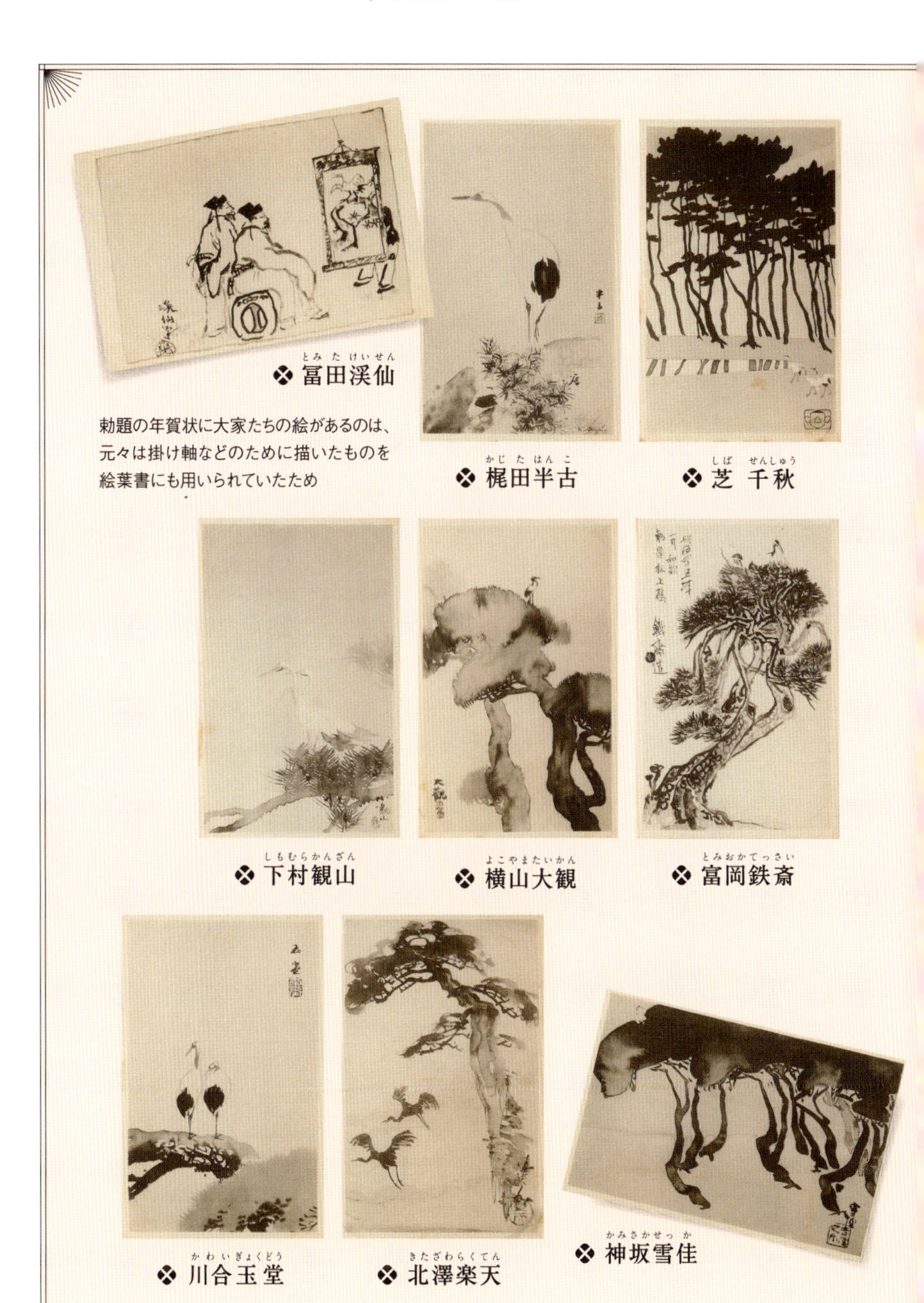

冨田渓仙

勅題の年賀状に大家たちの絵があるのは、
元々は掛け軸などのために描いたものを
絵葉書にも用いられていたため

梶田半古

芝 千秋

下村観山

横山大観

富岡鉄斎

川合玉堂

北澤楽天

神坂雪佳

絵葉書出版社

絵葉書ブーム到来により、東京、横浜、名古屋、大阪、京都などに多く登場した絵葉書出版社（版元）。趣向を凝らした、ユニークで美しいデザインの年賀状が多く登場したのは、彼らの活躍によるものでした

当時、大根と大黒様をかけた絵柄が多く登場したとか。また、大黒様がネズミを助けたという故事に由来して、その組み合わせも人気だったよう（岡田精弘堂）

明治45年（1912）

❖ 岡田精弘堂（おかだせいこうどう）

数ある絵葉書出版社の中でも、毎年発行する年賀絵葉書の種類が最も多い会社のひとつ。絵柄は明るい色使いの葉書が多いのが特徴

大正3年(1914)の寅年に発行して売れ残ったトラの葉書の上に、銀のインクでウサギの絵柄を刷り込んで販売するなど、お茶目なところもある出版社
左｜大正3年(1914)
右｜大正4年(1915)

明治45年(1912)

明治43年(1910)

❖ 神田浪華屋（かんだなにわや）

創業者の黒田久吉は、近所の神田上方屋が繁盛しているのを見て、作り方を研究し、自分で絵葉書出版社をはじめた。業績は順調に推移し、仲買人たちが店に押し寄せ、「今日作った絵葉書はその日のうちに売り切れる」という状況になるほど人気だったという

43	一	月	1910			
日	月	火	水	木	金	土
—	—	—	—	—	—	1
2	3	4	5	6	7	8
9	10	11	12	13	14	15
16	17	18	19	20	21	22
23	24	25	26	27	28	29
30	31	—	—	—	—	—

明治43年（1910）

明治43年（1910）

ミニカレンダー（12ヶ月分）つきのたいへん凝ったデザインの年賀状も発行していた

アール・ヌーボー風のデザインも得意としていた
ともに明治42年（1909）

明治43年（1910）

❖ 下谷山光堂（したやさんこうどう）

多くの絵葉書出版社がひしめく中で、異彩を放つのが下谷山光堂。日曜日だけのカレンダー「THE SUNDAY'S TABLE」といった洒落たカレンダーをつけた年賀状を作ったり、「奇抜な絵葉書」として新聞に取り上げられたものもある

すべて明治42年（1909）

| COLUMN |

下谷山光堂の奇抜な年賀状

明治42年(1909) 12月22日の新聞『二六新報』を見ると、
「新年の絵葉書(上)」という記事の中で最も奇抜な絵葉書として、
「今年(発行)の年賀葉書はあまり優れたものがない中で、
最も奇抜なものは下谷山光堂発行の空中飛行機に
犬を乗せた絵葉書であろう」と紹介されています。

上 | 新聞に掲載された“奇抜”な年賀状
下 | 空中飛行機シリーズは人気で、その後も作られた

明治43年(1910)

明治45年(1912)

❖ 徳田商店（とくだしょうてん）

明治40年代の年賀葉書は大人用の絵柄が中心となっている中で、徳田商店の葉書には子どもをモチーフとしたものが比較的多い。「1910年」の西暦年を樹木の枝ぶりで表現した年賀葉書は、徳田商店の傑作のひとつ

明治43年（1910）

明治43年（1910）

明治45年（1912）

明治45年（1912）

ともに明治43年（1910）

❖東京松聲堂（とうきょうしょうせいどう）

松聲堂が作る年賀葉書はひときわ凝っていると言える。この時代に流行った「干支の交代」デザインやダジャレものなど、思わず笑ってしまうものが多い

明治42年（1909）

❖ 鳥井商店（とりいしょうてん）

色彩の美しさが印象的な絵葉書出版社。当時人気だった和洋折衷柄を取り入れ、アール・ヌーボーに影響されたデザインも多く出している

すべて明治42年（1909）

すべて明治42年（1909）

明治42年(1909)

明治42年(1909)

明治43年(1910)

❖ 今川橋青雲堂

東京、神田今川橋にあった絵葉書出版社。明治40年代、まだ子どもの絵柄は珍しい時代だったが、このようなかわいらしい年賀状を出していた

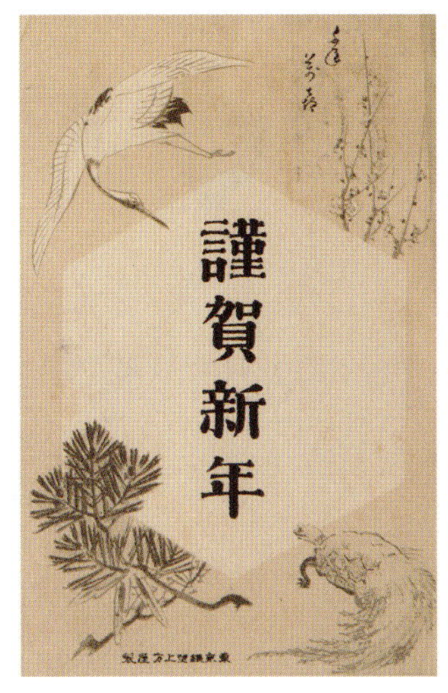

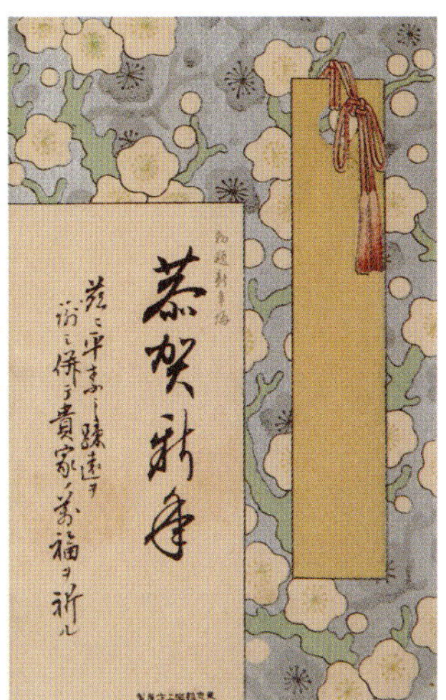

ともに明治35年(1902)

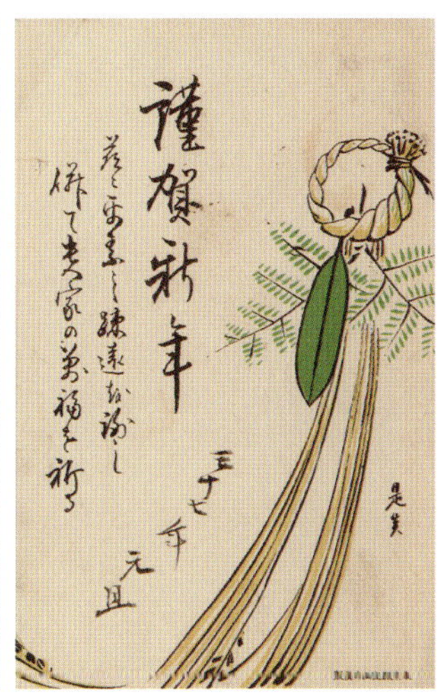

ともに明治37年(1904)

❖ 銀座上方屋(ぎんざかみかたや)

最も古い絵葉書出版社。江戸時代、大阪心斎橋で錦絵を扱っていた前田善兵衛が大阪での商売に失敗したため、明治19年(1886)に上京して銀座に開いた。他の出版社の絵柄と異なり、年賀状初期の頃の伝統的な和柄が見られる。前田善兵衛は私製葉書認可(明治33年10月)の以前から準備を進め、認可されるや大量の絵葉書を発行したと言われている

Chapter

5

干支をモチーフにした年賀状

年賀状の代表的な絵柄といえば干支。図案に干支が初めて登場したのは、いつだったのでしょう。明治21年（1888）の暦年賀状に、ネズミの姿を見ることができます。5章では、明治33年（1900）の子年から昭和10年（1935）の亥年まで、明治、大正、昭和の時代へと移り変わる年賀状のデザインを見ていきます。12年でひと回りする干支ですから、トップバッターの子年（明治33年）とトリを務める亥年（明治44年）では、同じ明治時代の年賀状でもデザインが大きく変わっているところも見どころです。

干支三回り年代表

明治33年（1900）から
昭和10年（1935）までの
干支一覧

干支			
子	明治33年 1900年	明治45年 1912年	大正13年 1924年
丑	明治34年 1901年	大正2年 1913年	大正14年 1925年
寅	明治35年 1902年	大正3年 1914年	大正15年 1926年
卯	明治36年 1903年	大正4年 1915年	昭和2年 1927年
辰	明治37年 1904年	大正5年 1916年	昭和3年 1928年
巳	明治38年 1905年	大正6年 1917年	昭和4年 1929年
午	明治39年 1906年	大正7年 1918年	昭和5年 1930年
未	明治40年 1907年	大正8年 1919年	昭和6年 1931年
申	明治41年 1908年	大正9年 1920年	昭和7年 1932年
酉	明治42年 1909年	大正10年 1921年	昭和8年 1933年
戌	明治43年 1910年	大正11年 1922年	昭和9年 1934年
亥	明治44年 1911年	大正12年 1923年	昭和10年 1935年

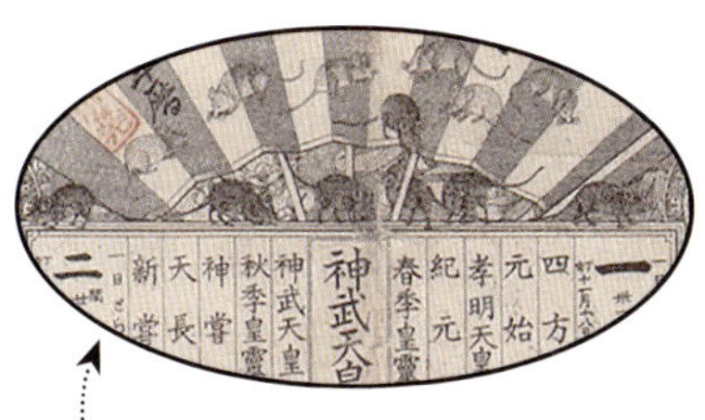

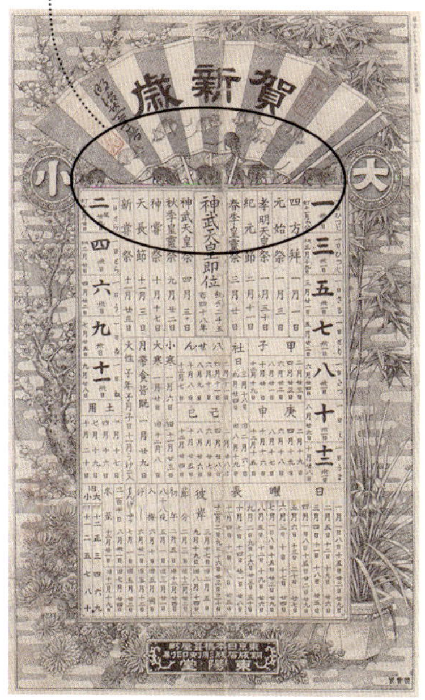

明治21年（1888）の子年が年賀状に干支が登場したはじまりと見られている。暦の上にネズミたちの姿が（官葉雑記より）

伝統的な絵柄から
モダンなネズミに変わっていきます。
大正13年（1924）は、
関東大震災の翌年で年賀状数が減りました

明治33年
›1900

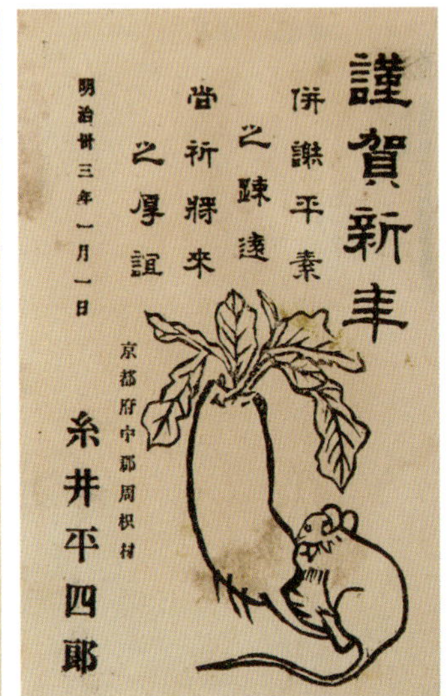

明治45年
›1912

大正13年 ›1924

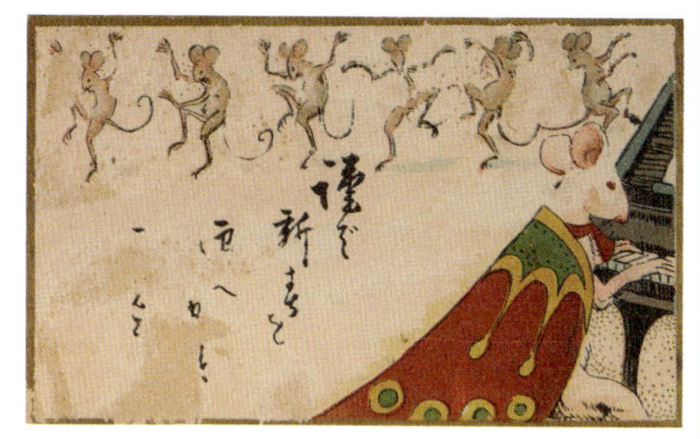

明治34年（1901）は私製葉書が葉書の仲間入りをして初の年賀状、大正2年（1913）は明治天皇崩御後と、歴史的な年をまたいだ丑年

明治34年
›1901

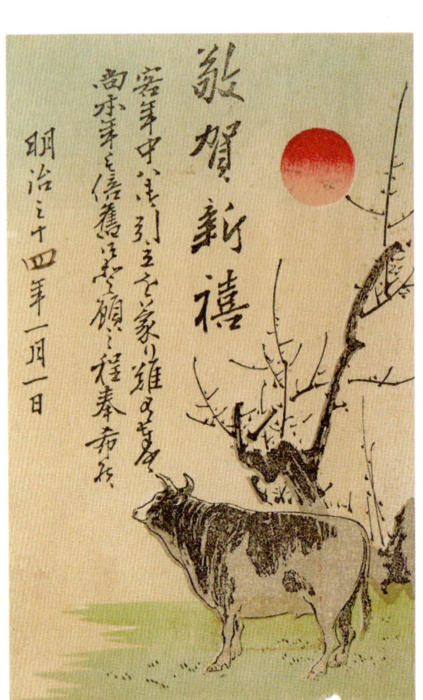

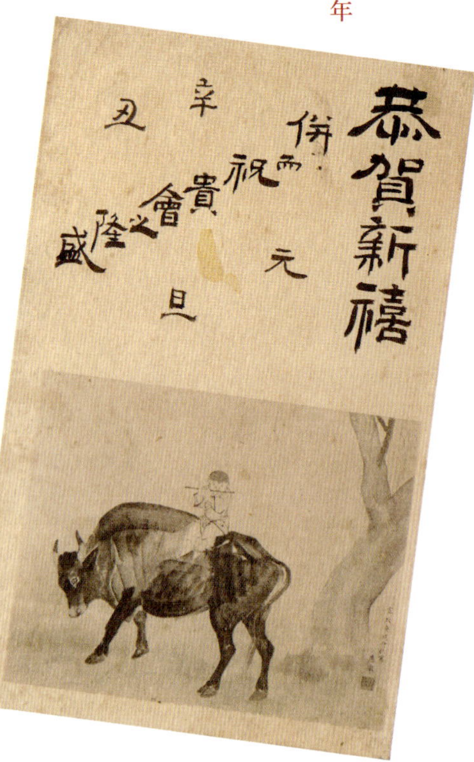

大正2年
›1913

大正14年
›1925

明治35年（1902）の年賀状は挨拶を主としたものでしたが、大正時代に入ると子どもたちとトラを描いたユニークな柄が増えてきます

明治35年
›1902

大正3年 ›1914

大正15年 ›1926

明治時代のリアルに描かれたウサギからかわいらしく擬人化された絵柄へと変化します

明治 36年
›1903

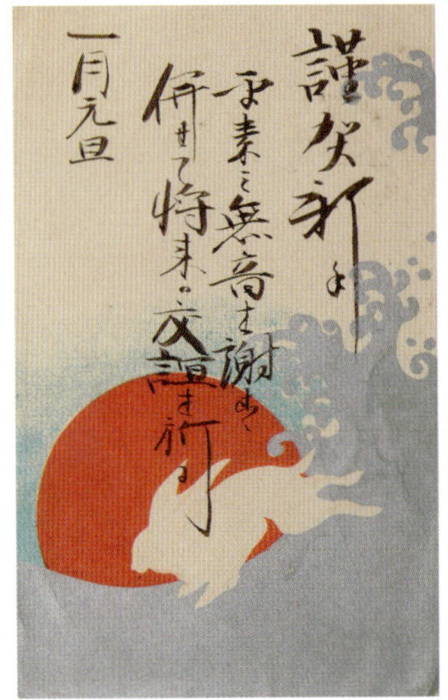

大正 4年
›1915

昭和2年
›1927

あけまして
おめでとう
一月
元旦

オメデトー

賀正
-1927-

謹賀新年
一月元旦

明治37年
›1904

大正5年
›1916

架空の生き物であるため、どの年代も作家は苦労したようです。現存している年賀状の種類もウサギやイヌなどと比べて多くないのが特徴

昭和3年 ›1928

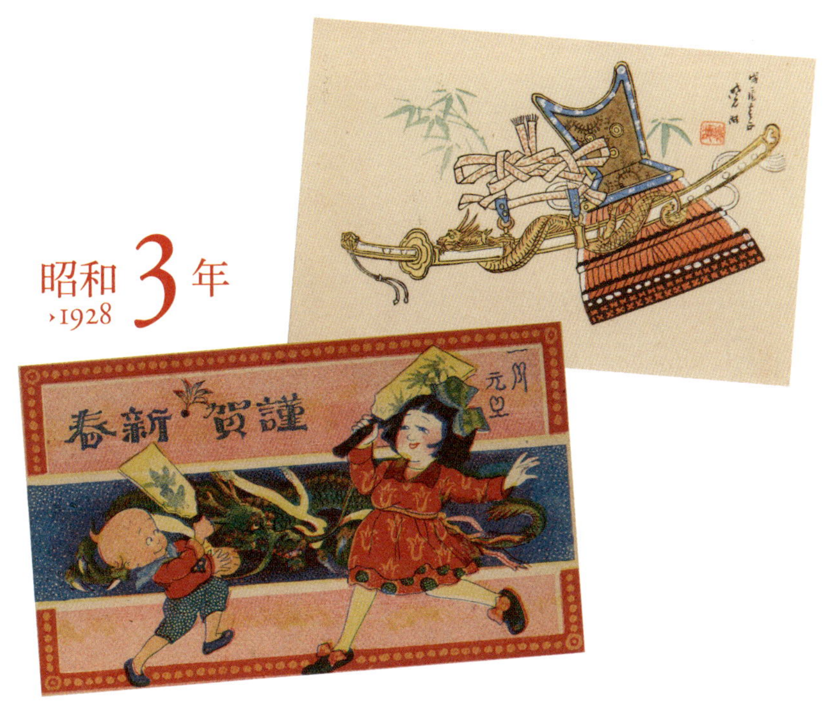

明治38年（1905）は年賀状の歴史の中で、伝統的なものからモダンなデザインへの転換点であり、新旧両方のデザインを見ることができます

明治 38年
›1905

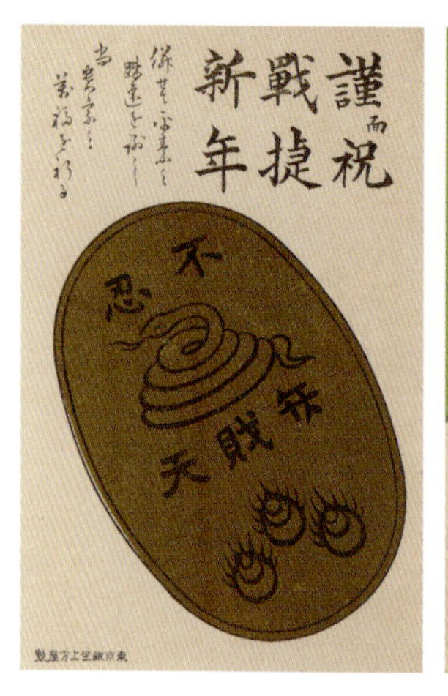

大正6年
›1917

昭和4年
›1929

棒馬のウマの絵柄も多く、時代とともに変化を見ることができます。また、格好いい輸入馬がデザインとして人気でした

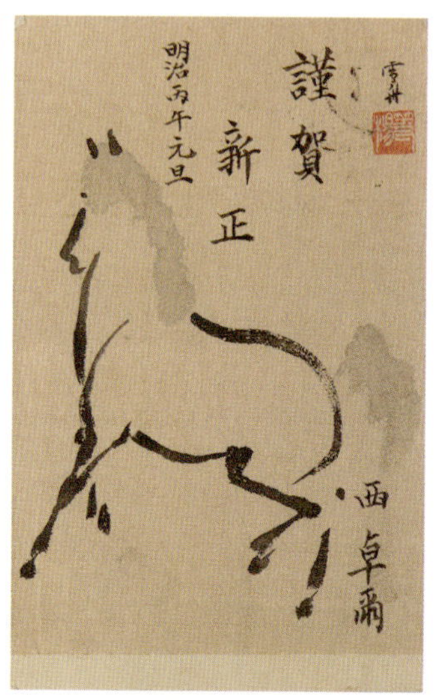

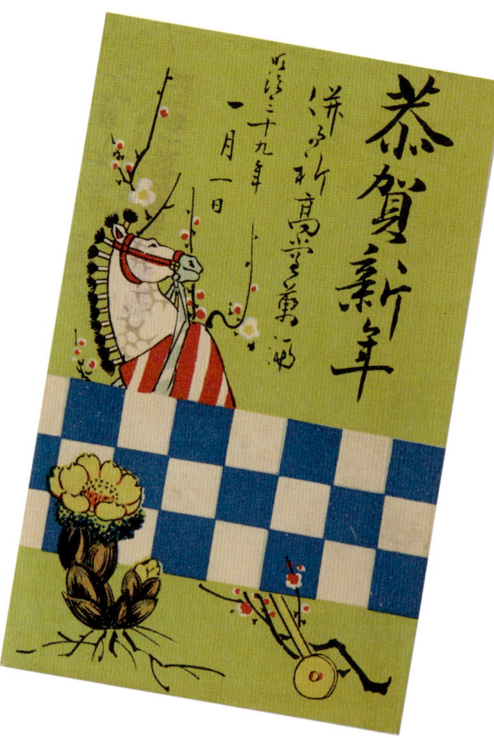

大正7年
›1918

昭和5年
›1930

明治40年
›1907

明治40年(1907)から美しい
年賀絵葉書が多数登場します。
昔は日本人にとってヒツジが珍しかったため、
ヒツジと同様にヤギも描かれていました

大正8年
›1919

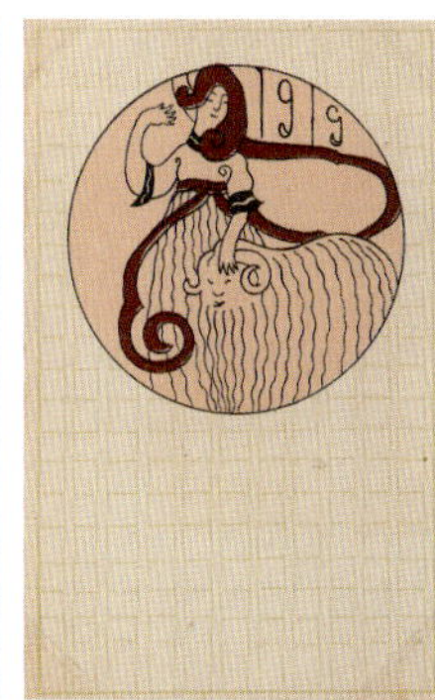

昭和6年
›1931

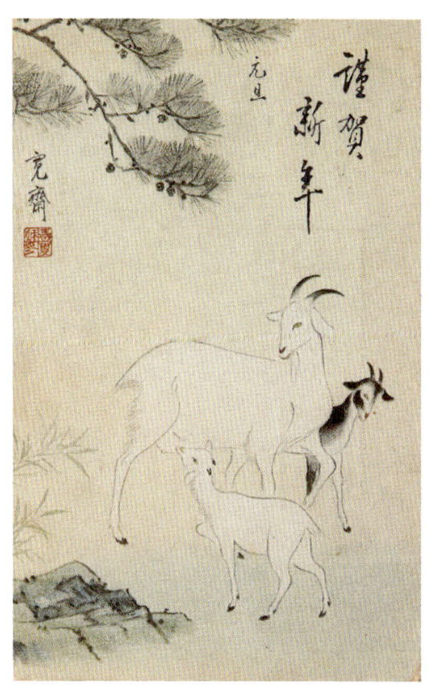

サルは図案化しやすいからか、
多彩なデザインが残されています。
コミカルなデザインにも
採用しやすかったようです

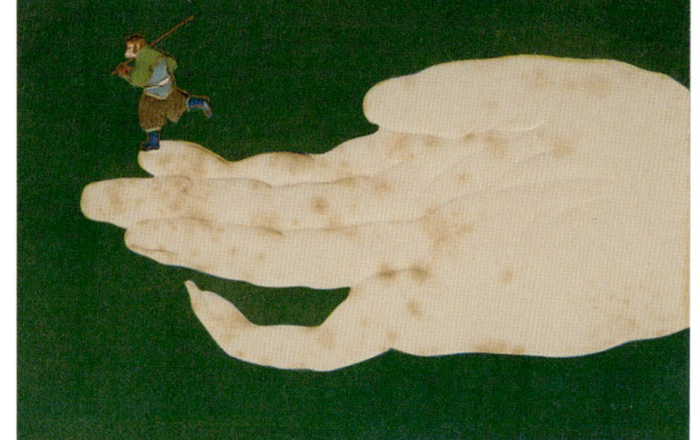

大正9年
›1920

昭和7年
›1932

酉

ニワトリの鳴き声とともに
新しい年を迎えるという
考え方があったため、酉年に限らず
ニワトリの絵は年賀状によく出てきます

明治42年
›1909

大正10年
›1921

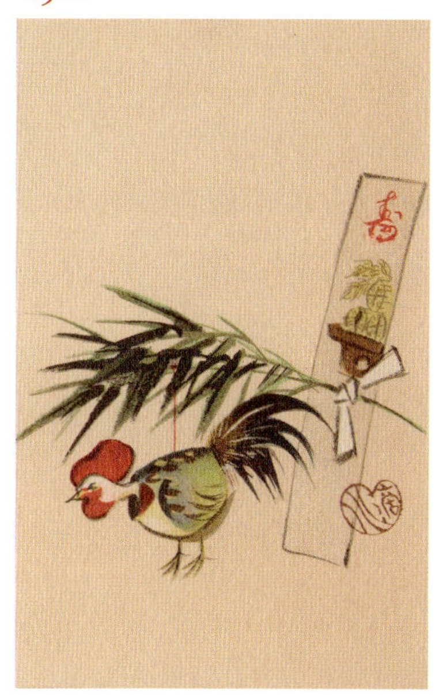

昭和8年
›1933

干支の中で、最も身近な動物のイヌは、平和でなごやかなシーンで描かれているものが多く見られます

明治43年
›1910

大正11年
›1922

昭和9年 ›1934

明治44年 ›1911

明治44年（1911）当時の10円札にはイノシシが描かれていたので、これをモチーフにした年賀状は人気だったようです

大正12年
›1923

恭賀新年
一月一日

昭和10年
›1935

Chapter

6

大正時代から昭和初期の年賀状

明治天皇崩御が明治45年（1912）7月30日。大正元年（1912）はこの日から年末までとなり、大正時代最初の年賀状は大正2年（1913）。この頃から子どもが年賀状を出す習慣がはじまり、かわいらしい子どもの絵柄が描かれた年賀状が増えてきます。また、アール・ヌーボーやアール・デコなどの影響も大きく、モダンなデザインも登場。6章では、大正時代から昭和初期のカルチャーを映した年賀状とともに、この時代に活躍した文化人たちの年賀状もご紹介します。貴重な年賀状をお楽しみください。

年賀状の歴史 6

大正時代〜昭和時代

大正時代

- **1918**（大正7）年 ………… 4月、絵葉書の表面（宛名面）下部2分の1に通信文の記載が可能に
- **1923**（大正12）年 ………… 9月、関東大震災
  11月、関東大震災のため年賀郵便物の特別取扱休止

昭和時代

- **1935**（昭和10）年 ………… 12月、第1回年賀切手「崋山の富嶽の図」発行
- **1936**（昭和11）年 ………… 年賀状が7億通突破
- **1937**（昭和12）年 ………… 年賀状が8億5千万通突破。戦前のピークに
  7月、日華事変勃発
  12月、時局緊迫により年賀状が激減
  年賀切手もこの年限りとなる
- **1940**（昭和15）年 ………… 11月、年賀郵便特別取扱停止
- **1941**（昭和16）年 ………… 年賀状が2700万通まで減少
- **1945**（昭和20）年 ………… 8月、終戦
- **1948**（昭和23）年 ………… 12月、年賀切手発行再開、年賀郵便特別取扱再開

西洋文化の波は年賀状にも。
洋装の絵柄が増えていった
昭和7年（1932）

子どもの年賀状

お正月の風景やお手伝いなど、大正から昭和にかけての子どもたちの暮らしが垣間見える年賀状。子どもたち自身が年賀状を出すようになり、このような絵柄が爆発的に増えました

大正初期

大正中期

お餅を食べたり書き初めをしたり。当時の家庭のお正月の様子がよくわかる。洋装の子どもも登場する

昭和10年（1935）

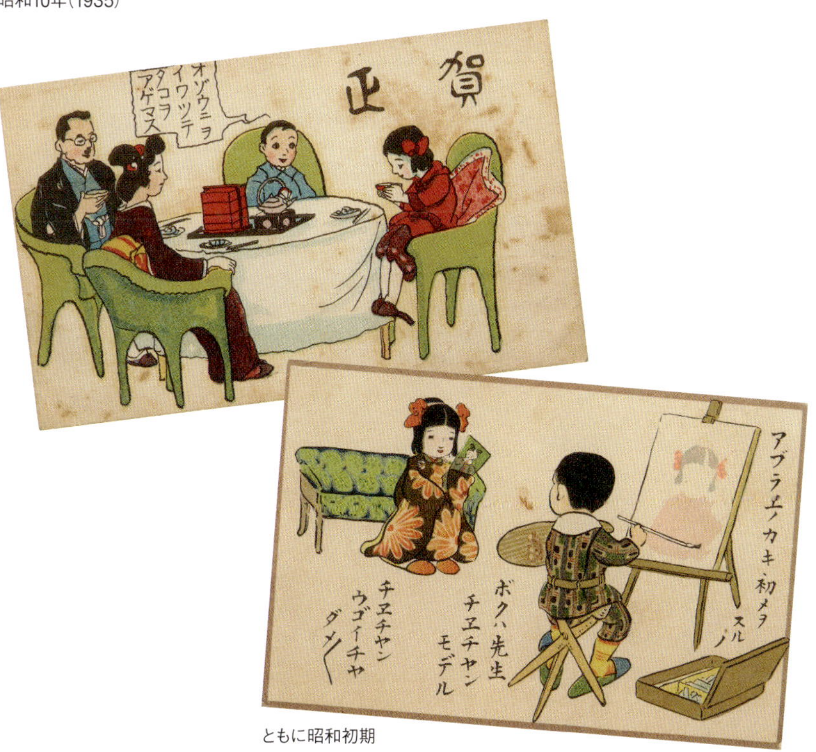

ともに昭和初期

大正7年(1918)

大正初期

ともに大正7年(1918)

大正初期

すごろくにかるた、輪投げなど、大正時代のお正月には、このような遊びで楽しんでいたのだろう。お手伝いを描いたものも

キューピーの年賀状が大流行

明治42年(1909)にアメリカで誕生したキューピーは、大正時代になり日本でも大流行。年賀状の世界でも大人気でした

昭和4年(1929)

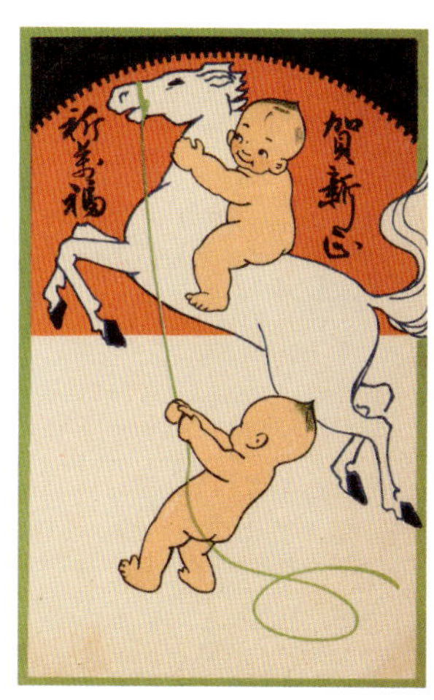

大正7年(1918)

大正11年(1922)

大正7年(1918)

大正9年(1920)

海外の作家ものに憧れて

少々テイストの異なるこちらの年賀状は、海外のアーティストの画集などからヒントを得て描いたものではないかと考えられています

すべて昭和7年(1932)

ともに明治44年（1911）

竹久夢二の年賀状

大正ロマンを代表する画家、竹久夢二（明治17年〈1884〉～昭和9年〈1934〉）。明治時代後期の美術絵葉書ブームが終わる頃、年賀状の世界に登場しました。美人画を多く描いた夢二の年賀状は、挿絵的でかわいらしい

大正10年（1921）

すべて昭和7年(1932)

昭和の女性たち

ファッションが大きく変化したこの時代、年賀状に登場する女性たちも様変わり。おしゃれな年賀状として、当時の人気を博しました

昭和8年(1933)

ともに昭和初期

ともに昭和7年(1932)

高橋春佳（たかはししゅんか）

神坂雪佳(p.92)の門下生のひとりで、京都の絵葉書出版社、山口青旭堂の作品を多く作りました。昭和初期に活躍し、アール・デコ様式を得意とするデザインは、絵葉書界に大きな影響を与えたといわれています。現代においても違和感のないモダンな年賀状です

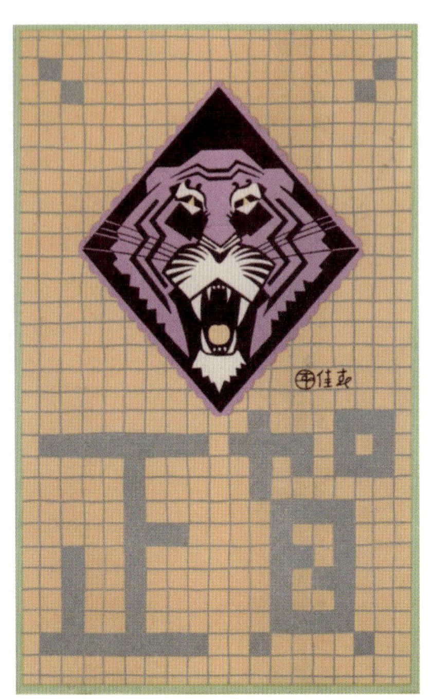

昭和13年(1938)

昭和5年(1930)

上｜昭和7年(1932)
下｜昭和6年(1931)

年代不詳

昭和15年(1940)

昭和7年(1932)

有名人の年賀状

画家や作家、学者から政治家まで、この時代に生きた著名人たちが送った年賀状は、ユニークだったり意外とシンプルだったり……

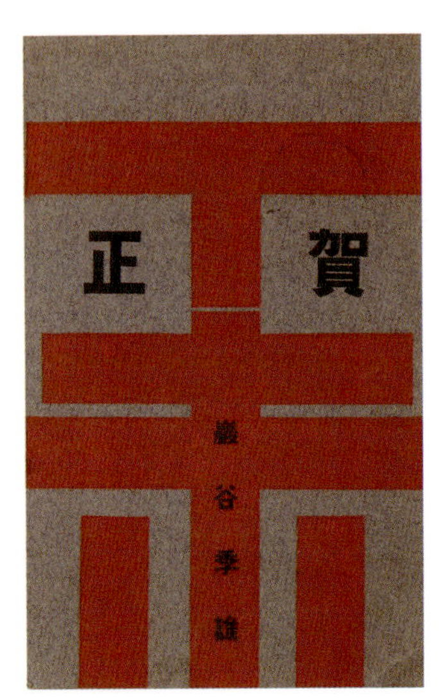

十二支の「未」をデザイン化した年賀状。上につくのは甲乙丙丁の「丁」の字
明治40年(1907)

巖谷小波。本名は季雄(すえお)。小波がベルリン在住中にジャーナリストの玉井喜作が作った葉書
明治33年(1900)頃

家族写真が納まっているのは「酉」の文字の中。当時、ここまで凝った年賀状を作成する人はいなかったという
明治42年(1909)

❖ 巖谷小波(いわやさざなみ)
(童話作家／編集者)
明治3年(1870)～昭和8年(1933)

シンプルな年賀状がまだ多かった時代。巖谷小波は洒落た年賀状を毎年送り続けた。童話作家でありながら、まるでグラフィックデザイナーのような出来栄え。絵葉書ブームを牽引したひとりといわれている

昭和5年(1930)

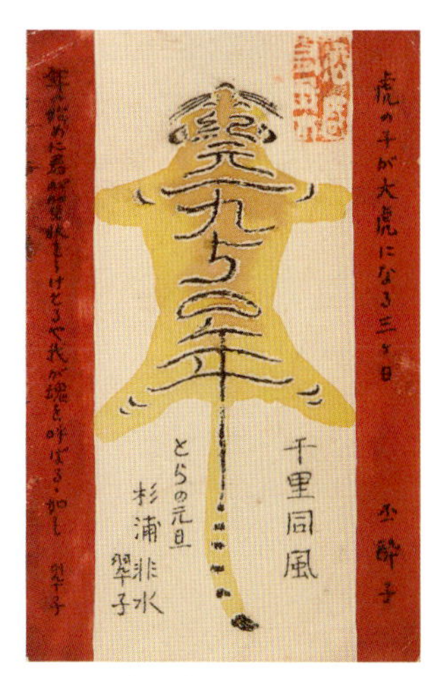

昭和25年(1950)

❖ 杉浦非水（すぎうらひすい）
（図案家／グラフィックデザイナー）

明治9年(1876)〜昭和40年(1965)

三越呉服店の図案主任を務め、雑誌『三越』を発刊。日本のモダンデザインの先駆者。年賀状には歌人である妻・翠子の歌が添えられたことも

❖ 鏑木清方（かぶらききよかた）（画家）

明治11年(1878)〜昭和47年(1972)

挿絵画家として活躍したのち、日本画家へ。美しい女性の肖像画や庶民の生活風景などを描いた。こちらはウサギがグラフィカルにデザインされた卯年の年賀状

大正4年(1915)　

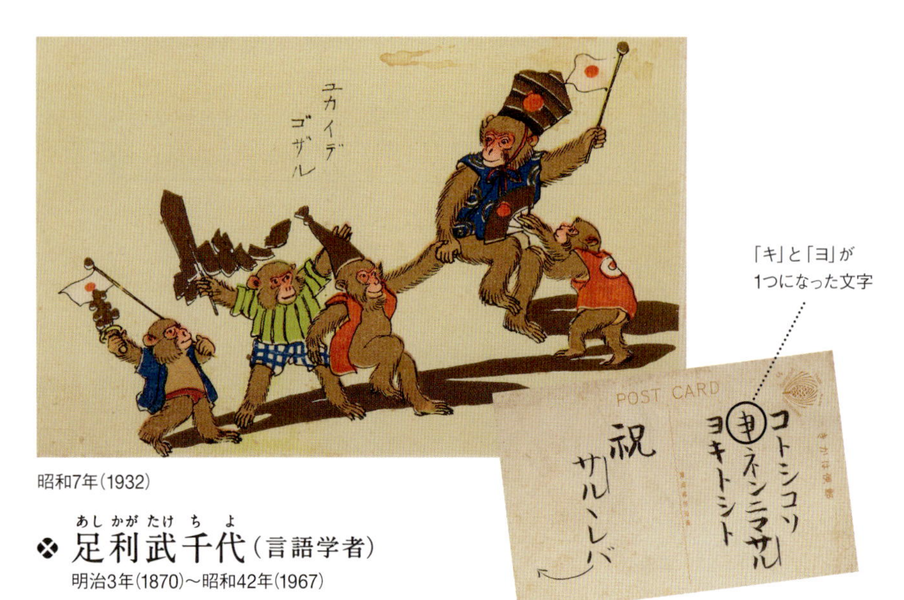

「キ」と「ヨ」が
1つになった文字

昭和7年(1932)

文中の「サル」に線が引かれ裏へと誘う矢印の先には「ユカイデゴザル」と書かれている。宛名、住所がないのは武千代が封筒に入れて出していたから

❖ 足利武千代(あしかがたけちよ)(言語学者)

明治3年(1870)〜昭和42年(1967)

新島襄に師事した最後の直弟子といわれ、足利銀行本店支配人も務めた。「日本語はカタカナにすべき」と主張したとされる

❖ 新村 出(しんむらいずる)(言語学者)

明治9年(1876)〜昭和42年(1967)

京都大学教授を務めた。文献学者でもあり、日本の言語学・国語学の確立に尽力。広辞苑の編纂者でもある

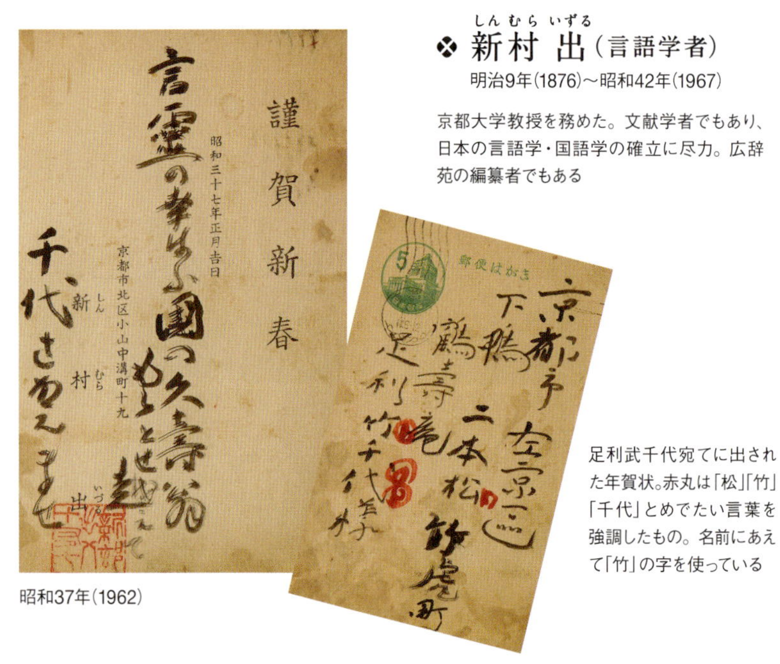

昭和37年(1962)

足利武千代宛てに出された年賀状。赤丸は「松」「竹」「千代」とめでたい言葉を強調したもの。名前にあえて「竹」の字を使っている

年代不詳

なか ざわ ひろ みつ

❖ 中澤弘光（洋画家）

明治7年（1874）～昭和39年（1964）

東京美術学校西洋画科で黒田清輝に師事。大正2年（1913）、画家の石井柏亭や南薫造らとともに日本水彩画会を設立

明治43年（1910）

いし い はく てい

❖ 石井柏亭（洋画家）

明治15年（1882）～昭和33年（1958）

日本画家の祖父と父、彫刻家の弟という芸術家一家。雑誌『明星』の挿絵なども手掛けている。二科会の創立など、日本の近代絵画の発展に寄与

❖ 徳富猪一郎（蘇峰）（ジャーナリスト／思想家）

とくとみいいちろう　そほう

文久3年（1863）〜昭和32年（1957）

雑誌『国民之友』を発刊。第二次大戦中は大日本言論報国会会長となる。年賀状には「油断大敵」と書いてある。徳富蘆花の兄

昭和11年（1936）

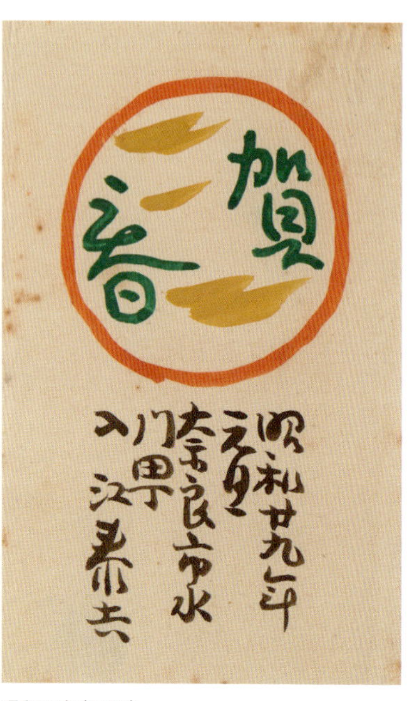

昭和29年（1954）

❖ 入江泰吉（写真家）

いりえたいきち

明治38年（1905）〜平成4年（1992）

昭和6年（1931）、大阪で写真機材店「光芸社」を開業。奈良の大仏、お水取りを撮り続けた。文楽人形を撮影した「春の文楽」で世界移動写真展一等賞を受賞

明治39年（1906）

❖ 小山内 薫（劇作家／演出家）

おさないかおる

明治14年（1881）〜昭和3年（1928）

明治42年（1909）、二代目市川左團次と「自由劇場」を興し、歌舞伎に代わる近代的演劇を志した。大正13年（1924）には築地小劇場を興すなど、日本の新劇の基礎を築いた

大正8年(1919)

❖ 与謝野 寛(鉄幹)・晶子 (ともに歌人)

寛：明治6年(1873)～昭和10年(1935)、
晶子：明治11年(1878)～昭和17年(1942)

明治34年(1901)に発表した『みだれ髪』は晶子の処女作で、夫である寛(鉄幹)との奔放な恋愛が書かれている。左下は旅先で新年を迎え、そこで詠んだ歌を正月過ぎてから年賀状として送ったもの

大正10年(1921)

新那須温泉に年を迎へて　寛

雪雲の末に常陸の空のみが初日の色す地平に十里

元旦の九時やうやくに雪やみて初日白かり那須の野の上

賀正

昭和九年一月

與謝野寛
晶子

元日の歌の中に　晶子

紅す春立つと云ふときめきた人より早く知る雲ならん

年つもる私ごとは数ならず新しき世の春をことほぐ

昭和9年(1934)

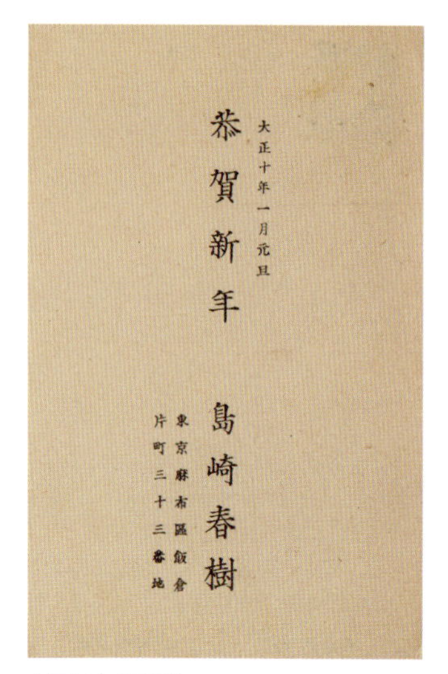

恭賀新年

大正十年一月元旦

島崎春樹

東京麻布區飯倉片町三十三番地

大正10年(1921)

❖ 島崎藤村(しまざきとうそん)(小説家)

明治5年(1872)～昭和18年(1943)

本名・春樹。明治26年(1893)雑誌『文学界』の創刊に参加し、詩人として作品も発表。明治39年(1906)、長編小説『破戒』で脚光を浴び、小説家に

❖ 金田一京介(きんだいちきょうすけ)
(言語学者)

明治15年(1882)～昭和46年(1971)

東京帝大教授、国学院大学教授。『明解国語辞典』『新選国語辞典』など辞典の編纂や国語教科書の編修も広く行った。言語学者・金田一春彦の父

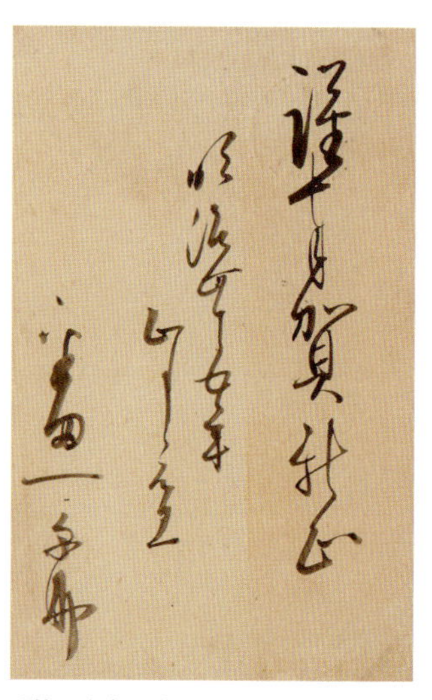

明治45年(1912)

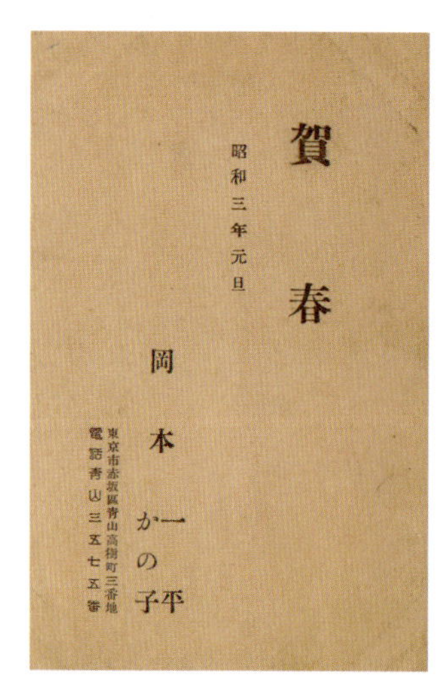

賀春

昭和三年元旦

岡本一平
かの子

東京市赤坂區青山高樹町三番地
電話青山三五七五番

昭和3年(1928)

❖ 岡本一平(おかもといっぺい)・かの子
(漫画家/小説家)

一平:明治19年(1886)～昭和23年(1948)
かの子:明治22年(1889)～昭和14年(1939)

画家・岡本太郎の両親。一平は朝日新聞社に入社し漫画記者に。大正期の新聞漫画の第一人者となる。富豪の家に生まれたかの子は精力的に執筆を行い、晩年に小説家デビューした。年賀状はかなりシンプルなものだったようだ

拝新春
昭和三十五年元旦
棟方志功
東京都杉並区荻窪四ノ五七

昭和35年(1960)

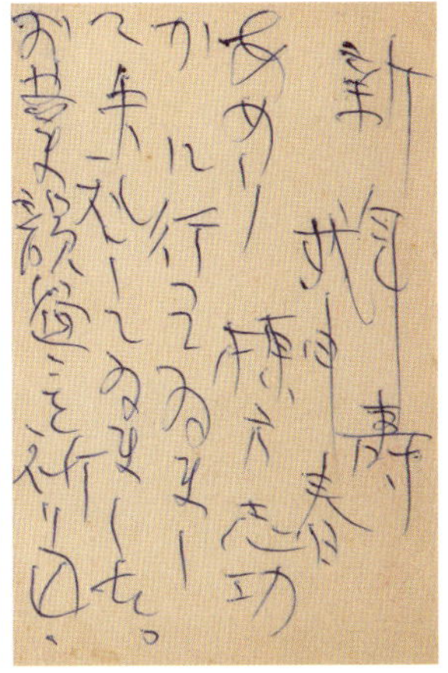
昭和43年(1968)

❖ 棟方志功(むなかたしこう)(版画家)

明治36年(1903)〜
昭和50年(1975)

川上澄生の版画を見て、版画家になることを決意。昭和27年(1952)〜36年(1961)にかけて、国際版画展で次々に入賞し、国際的にも高い評価を得るようになる。年内に出した年賀状は版画。予定外に来た人への返信は手書きだったようだ

❖ 犬養毅(いぬかいつよし)(政治家)

安政2年(1855)〜昭和7年(1932)

第29代内閣総理大臣。年賀状に書かれた「木堂」とは、犬養毅の号である。この年賀状は昭和7年(1932)のもので、この年に五・一五事件で暗殺される

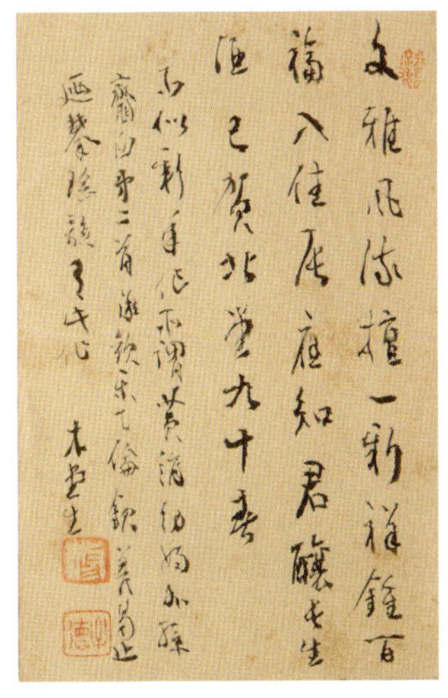
昭和7年(1932)

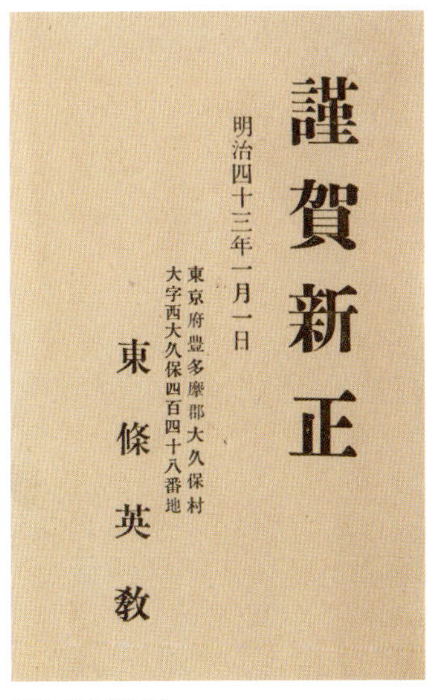
謹賀新正
明治四十三年一月一日
東京府豊多摩郡大久保村
大字西大久保四百四十八番地
東條英教

明治43年(1910)

❖ 東條英教(とうじょうひでのり)(軍人)

安政2年(1855)〜大正2年(1913)

陸軍大学第一期を首席で卒業。陸軍大学教官、参謀本部第4部長などを務めた。第40代内閣総理大臣東條英機の父

昭和32年（1957）

昭和30年（1955）

昭和27年（1952）

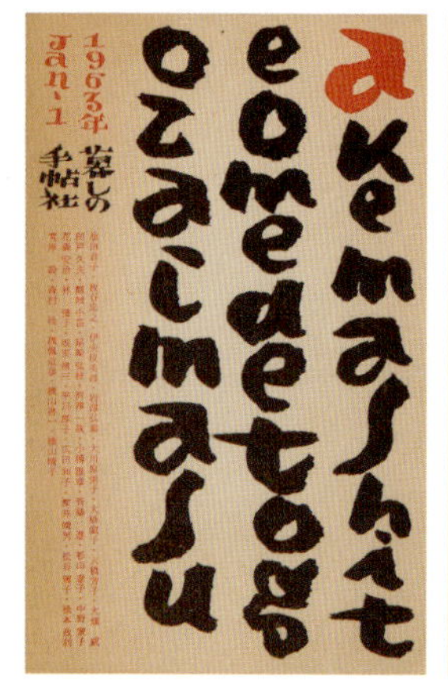

昭和38年（1963）

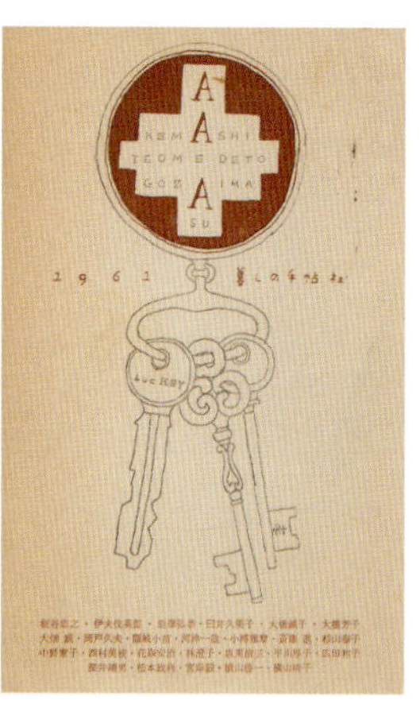

昭和36年（1961）

昭和33年（1958）

❖ 花森安治（はなもりやすじ）（編集者）

明治44年（1911）〜昭和53年（1978）

花森安治が編集長を務めた『暮しの手帖』の年賀状。戦争から戻り、銀座に「衣裳研究所」を創設したのち、昭和23年（1948）に生活雑誌『暮しの手帖』を創刊。グラフィックデザインやコピーライティングも手掛けた。年賀状にもそのセンスが垣間見える

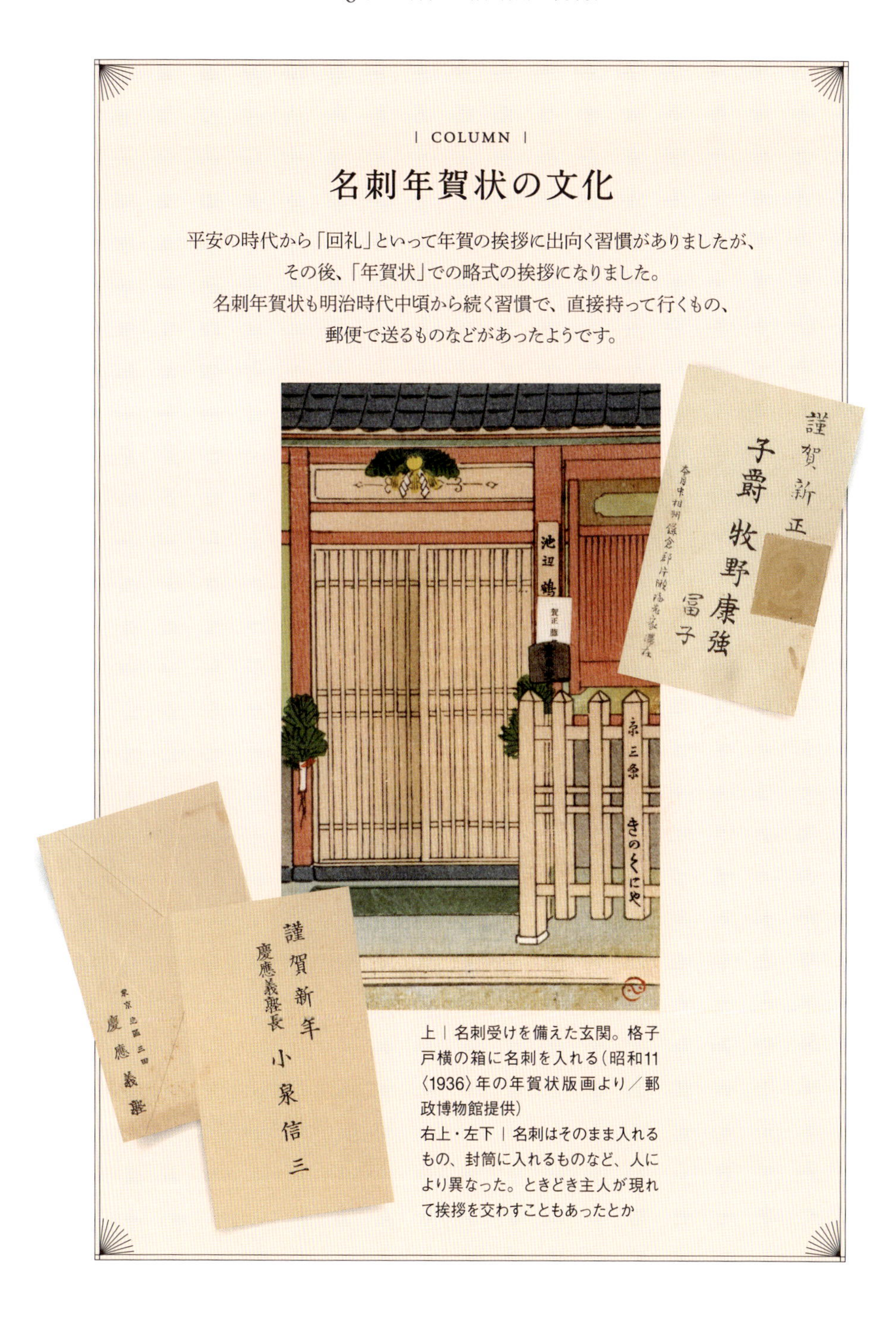

| COLUMN |

名刺年賀状の文化

平安の時代から「回礼」といって年賀の挨拶に出向く習慣がありましたが、その後、「年賀状」での略式の挨拶になりました。名刺年賀状も明治時代中頃から続く習慣で、直接持って行くもの、郵便で送るものなどがあったようです。

上｜名刺受けを備えた玄関。格子戸横の箱に名刺を入れる（昭和11〈1936〉年の年賀状版画より／郵政博物館提供）

右上・左下｜名刺はそのまま入れるもの、封筒に入れるものなど、人により異なった。ときどき主人が現れて挨拶を交わすこともあったとか

| COLUMN |

芸術家同士の年賀状交換会「榛(はん)の会」

昭和26年(1951)

❖ 川上澄生(かわかみすみお)(版画家)

明治28年(1895)〜昭和47年(1972)

❖ 武井武雄(たけいたけお)

(童画家・版画家)

明治27年(1894)〜昭和58年(1983)

昭和14年(1939)

昭和14年(1939)

❖ 恩地孝四郎(おんちこうしろう)(版画家・装幀家)

明治24年(1891)〜昭和30年(1955)

❖ 西川藤太郎（洋画家）

明治39年（1906）～平成3年（1991）

昭和13年（1938）

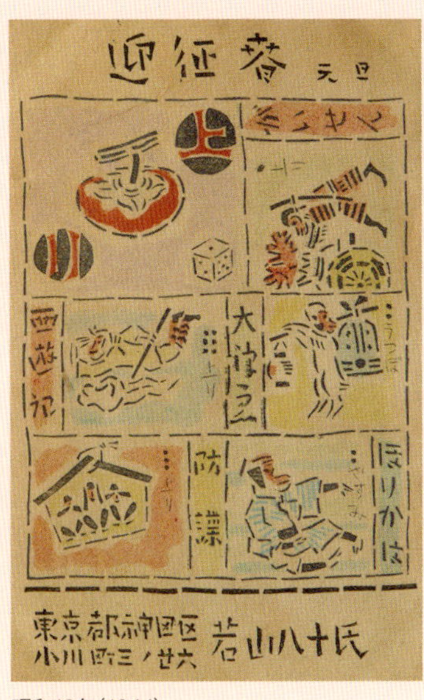

昭和19年（1944）

❖ 若山八十氏（孔版画家）

明治36年（1903）～昭和58年（1983）

大正時代末期から昭和初期の頃、年賀状愛好家による「年賀状交換会」というものが行われていました。これは、誰かに差し出すものではなく、年賀状を作品として作成したものを交換するという趣味の会です。

発案者は京都の郷土史家・田中緑紅。もともとは裕福な趣味人たちが画家に年賀状の図柄を依頼し、それを用いて交換会を行っていました。

昭和10年（1935）、童画や版画、装丁などで活躍した武井武雄が芸術家たちに呼びかけ、自らが芸術作品として創作した年賀状を交換する会「榛の会」を立ち上げます。「榛」は「版」からつけられたといわれています。

この会では、毎年50名の芸術家がそれぞれの作品をもちより、優秀作品と下位の順位をつけます。順位が低かった人は翌年は参加できないという、なかなかユニークなルールがあったようです。そうそうたる版画家、芸術家たちが年賀状の交換を楽しみ、昭和31年（1956）まで22回続きました。

昭和18年（1943）

❖ 関野準一郎（せきのじゅんいちろう）（版画家）

大正3年（1914）～昭和63年（1988）

❖ 川西英（かわにしひで）（画家・版画家）

明治27年（1894）～昭和40年（1965）

昭和13年（1938）

榛の会では、毎回50人分（参加者全員）の作品を収録した手作りのアルバムを50冊作成し、参加者に配布した。左ページ下はアルバムの中面

『榛の会がり版通信』という会報誌も作成されていた。会費の会計や訃報、募集の案内など、細かく記載されている

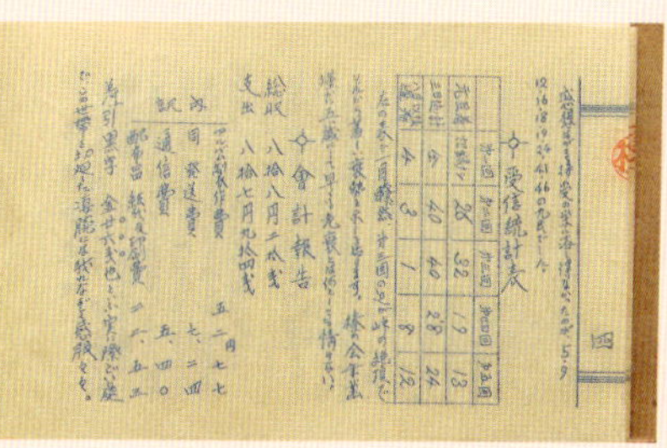

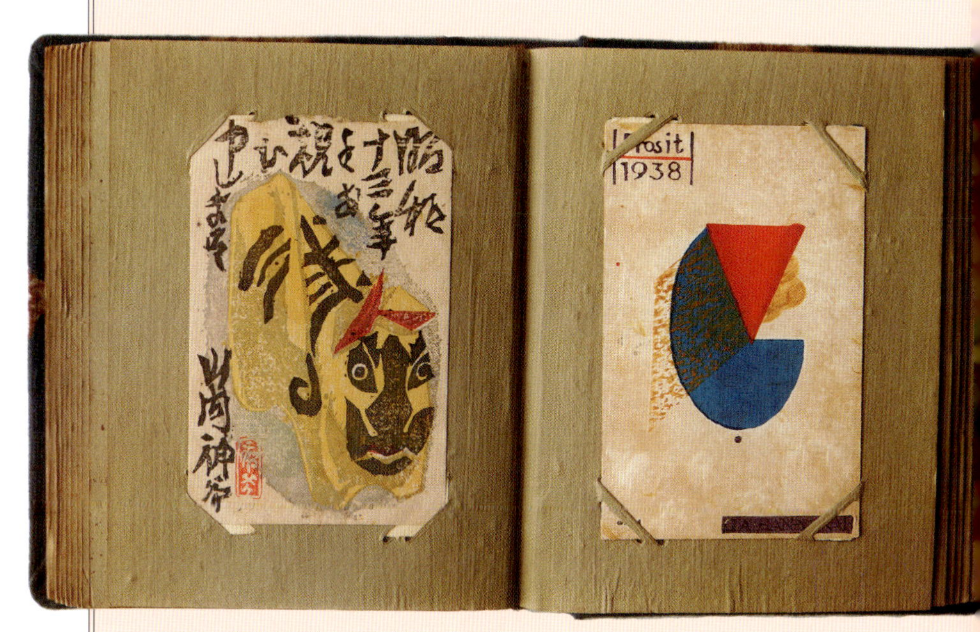

左が山内神斧（金三郎）、右が恩地孝四郎の作品。各人はアルバム用に50枚の年賀状を用意して参加した

昭和13年（1938）

Chapter

7

お年玉くじつき年賀葉書の登場

昭和24年（1949）。戦後初の都営団地が完成し、湯川秀樹がノーベル物理学賞を受賞し、「銀座カンカン娘」が流行したこの年。年賀状の歴史の中で、最も大きな転換期が訪れます。今に続く「お年玉くじつき年賀葉書」の登場です。いつ、どこで、誰が、この年賀葉書を考案したのでしょうか。7章では、お年玉くじつき年賀葉書の誕生秘話をご紹介しましょう。どのような目的で、このお年玉くじつき年賀葉書のシステムが誕生したのか。そこには、「戦後」という時代背景とともに、心温まる優しい思いがありました。

昭和時代
（戦後）

昭和時代

- **1949**（昭和24）年 ………… 12月1日
  お年玉くじつき郵便葉書（いわゆる年賀葉書）
  （昭和25年用）発売
  1億5000万枚発行、くじなし3000万枚発行
- **1950**（昭和25）年 ………… 昭和26年用のお年玉くじつき年賀葉書が4億枚発行される
- **1952**（昭和27）年 ………… 寄付金・くじなし年賀葉書発売（昭和31年用までで終了）
- **1956**（昭和31）年 ………… 寄付金なしの年賀葉書もくじつきとなる
- **1957**（昭和32）年 ………… 戦前のピーク時の枚数まで回復（8億枚以上）
- **1961**（昭和36）年 ………… 官製年賀葉書の消印省略
- **1966**（昭和41）年 ………… 葉書の寸法が拡大され現在のものとなる

右｜お年玉くじつき年賀葉書が発売された昭和24年（1949）、第1回目の景品をお知らせするポスター。葉書の発売期間、抽選日、特等から6等までの景品が書かれている（郵政博物館提供）
左｜昭和25年（1950）に発行されたお年玉郵便切手。干支の寅が描かれている

左ページの写真は、林正治（まさじ）さん。お年玉くじつき年賀葉書の発案者です。林さんは京都に住む画家でした。郵便関係者とは縁もゆかりもない民間人でしたが、ある日の夜明け、お年玉くじつき年賀葉書のアイデアをひらめいたのです。まずは、林正治という人がどんな人だったのか振り返ってみましょう。

海軍でスターになる

実家は東大阪の布施（ふせ）で、洋傘の持ち手を製造する工場を営んでいました。事業は順調で、職人さんを何人も抱える大きな工場でしたから、長男である正治さんは工場を継ぐことを望まれていました。しかし、本人は画家になりたかったので工場を継ぐことには乗り気ではなかったといいます。

そんな折、徴兵の話が舞い込みます。「どこへ行きたいか」と聞かれ、おしゃれだという理由から海軍を希望するという、少々変り者なところがありました。

晴れて海軍に入隊し瀬戸内海の演習場に行くのですが、実は船にめっぽう弱く、船酔いで役に立たなかったそうです。ところが意外なポジションに白羽の矢が立ちました。

海軍はいくつかの軍艦で「艦隊」を構成して移動します。その中心となる旗艦には司令本部があり、ここに各艦長が集まり艦長会議を行います。当時、その会議に見栄えのいい、

正治さんはファッションが好きで、輸入物のみを扱う仕立屋も経営。本人は常に、ネイビーのシングルのブレザーにライトグレーのパンツ。シャツは細かいブロードのワイシャツ。ネクタイはオーダーメイドの黒の別珍。それを何セットも用意し、クローゼットには同じ服が何着もあったそう

格好いい秘書を連れていくのが自慢だったのだそうです。体格がよく、端正な顔立ちの正治さんは艦長秘書に大抜擢。演習では役立たずでしたが、思わぬところに居場所を見つけたわけです。

ある日、「来たれ！海軍」といった人材募集の絵のコンテストが行われました。なんと、正治さんの絵が見事1位に。「ハンサムだし、絵もうまい」と話題になり、ニュースや新聞にも取り上げられ、一躍時の人となったのです。

海軍もこのスターを使わない手はありません。物資のない時代、金属が足りず、家庭からも集めなければならない状況でした。ここでも正治さんは大活躍。徴収係になり、町に出ると「ハンサムなあの有名な画家さんが来た！」と奥さんたちが鍋釜を手に集まってきたそうです。その結果、正治さんはいつもトラックいっぱいの金属を集めて帰って行ったのでした。

家業を継ぐよりも画家になりたかった正治さん

京都での暮らし

戦争から戻り、東大阪の家業も成功させていた正治さんでしたが、布施の工場地帯は当時あまり空気がよくなかったこともあり、昭和22年（1947）に京都へ移住します（この工場はのちに火災で焼失し、家業はそこで終わりを迎えます）。

京都に移った家は京都御所を背に寺町通に建つ、400坪近くある敷地に建てられた日本家屋でした。大正時代の画家が建てたもので、アトリエがあるのが気に入ったのかもしれません。敷地内には母屋とは別に運転手の家もあり、車は黒塗りのビュイックでした。

正治さんは日曜日にはチャーチル会（現在でも続いている「日曜画家の集まり」）に顔を出し、京都支部の初代幹事長も務めていました。京都支部には当時、俳優の長谷川一夫さんや、女優の山本富士子さんも入会していました。社交の場でありながら、絵を描くことも楽しんでいたようです。

また、正治さんは、人を集めておいしいものを食べることをことのほか愛したといいます。京都の自宅では毎日のようにパーティを開き、おかげで正治さんの奥さんとお母さん、お手伝いさんは30人分近くの食事を用意しなくてはなりませんでした。

ゲストは政財界から芸能人まで。チャーチル会でのつながりもあり、正治さんの人脈はかなりのものでした。たとえば家族で外食に出かけると、数メートルごとに知人に会うおかげでその都度お喋りがはじまり、結局お店にたどり着かなかった、というエピソードも残っています。

また、正治さんの絵のファンも多く大阪の阪急や東京の三越で個展を開くと、ほぼ完売だったというからその人気ぶりがうかがえます。正治さんが描く絵は美しい水彩画で、バラや風景が多く、また風景画には必ず男女を描くというのもこだわりだったようです。

ホンダの創業者、本田宗一郎さんもコレクターのひとりでした。息子同士が友人だったというご縁で知り合いになり、正治さんの絵をいたく気に入って、個展があると聞くと初日の前の晩にこっそり会場に赴き、ほとんど予約をしてしまったこともあるのだとか。

年賀状が日本人の灯に

このように多くの人に愛され交流を大切にしてきた正治さんですが、ある日、ひとつのアイデアがひらめきます。正治さんが42歳のときでした。

「昭和二十四年六月二十一日の夜明け、ふと浮かんだアイデアがこのハガキでした。その時代はドッジラインとか、竹の子生活とかいう言葉が流行して、国民は正に竹の子生

上｜人気があった正治さんが描くバラの絵。次男の正史(まさふみ)さんが、学校でバラを育てて、持ち帰っていたそう
下｜ヨーロッパに半年ほど、絵を描きに出かけることも。帰国後、外国語のラブレターがたくさん届いたとか

活をしてその日を暮らしていた。耐乏生活の最中でした。その頃の新聞やラジオのニュースは、下山国鉄総裁怪死事件や三鷹事件など、相次ぐ社会不安の中でした。これらの人達が終戦後、散り散りばらばらになったまま音信不通。ラジオの尋ね人の放送が長い時間毎日、肉親や友人や知人を捜している。お互いの無事を確かめ合い、励まし合うことが出来たら。そんな方法は？　そうだ！　それには年賀状が一番良い。それにお年玉を付けたら、もらった相手は懐かしさに加えて心が和むのでは……。そんな想いがスーッと頭の中をかすめていった。私は絵が好きだから（チャーチル会々員）、早速、賀状の図柄を二、三ばかり作り、伝を頼って、時の小沢郵政大臣にお会いしようと、東上しました。郵政省内でも賛否両論に別れましたが、特に大野次官が大乗り気で、やろう、という事になり、国会承認（法律改正が必要なので）を経て、その年の十二月一日に一億五千万枚売り出されました。当時一般の給料が七、八千円でした。普通の官製はがきが二円で、お年玉はがきはプラス一円、果して売れるかどうか心配でしたが、案ずるより生むが易しの諺通り、仲々の好評で、大いに感謝され、ほうびに郵政審議会専門委員という肩書きまで貰いました。ところが翌年は二倍以上の四億枚も印刷したので、かなり売れ残り、私も責任上、自分で車を運転して街を走り廻って、三、四万枚ほど売りました。これが戦後の復興の原動力となって、日本人の心に明るい灯を投げかけることを期待して私のささやかな祈る気持ちでありました」（原文ママ・『ねんがじょう曼荼

羅』井上女神　室町書房より）

当時の日本は、まだ戦後の貧しい時代。たけのこの皮を一枚一枚はぐようにして、衣類や生活用品を売って生計を立てる「竹の子生活」を送る人も多く、正月くらい明るい気持ちになれたら、という思いがあったようです。

正治さんがお年玉くじつきの年賀状を出したい理由は、ふたつありました。ひとつは戦争で誰がどこにいるかわからない。せめて年に1回くらいは便りを交わせないか、ということ。年賀状を出すためには、住所を調べなければなりません。皆がその行動をすることで、消息がわかる人も多かったのです。

そしてもうひとつ。この頃は戦地で夫を亡くした人が多く、母子寮が全国にたくさんありました。その人たちへのサポートが何かできないか、という想いから寄付金つきの年賀葉書を思いついたのです。

昭和25年（1950）林正治さんの年賀状

見本を作って東京へ

林正治さんは葉書の見本とポスター案ふたつを作り、大阪の郵政局で郵政大臣への紹介状を書いてもらい、昭和24年（1949）7月に上京して「プレゼン」を行いました。

ところが、当時の国民はまだ貧しく「おもしろい案だが日本はいま、疲弊して食べるものも食べられない時代。送った相手にくじがあたるなんて、そんなのんびりしたことができる状態ではないでしょう」（原文ママ・『サンデー毎日』1987年1月4・11日合併号、毎日新聞社より）と当時の幹部たちに一蹴されてしまいました。

しかし、正治さんの強い思いと人脈が奇跡を起こします。当時、郵政事務次官だった大野勝三さんを知っている、という友人に遭遇。正治さんは大野さんにアポイントを取り、再度プレゼンをして、たったの5分で「やりましょう！」ということになったのです。

正治さんがアイデアを思いついたのが6月、東京でプレゼンをしたのが7月、8月には申し込みがはじまったのですから、異例の速さで話が進んだことがわかります。その後、法改正も行われ、昭和24年（1949）12月1日に、年賀状としてはじめてお年玉くじつき年賀葉書が発売に。2円の通常葉書が3000万枚、中央共同募金委員会・日本赤十字募金委員会への寄付金1円をつけたものが1億5000万枚発行されました。

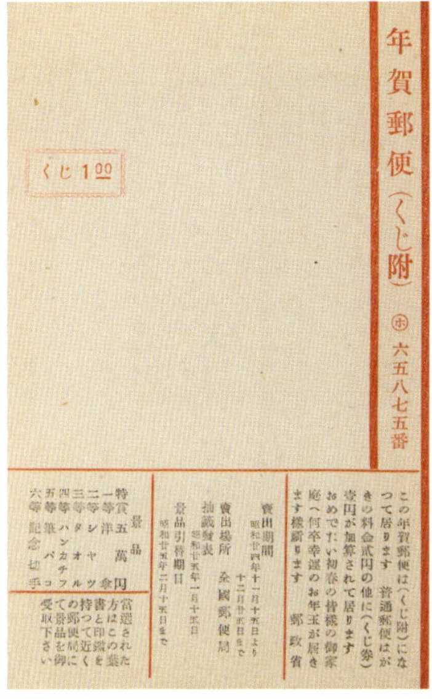

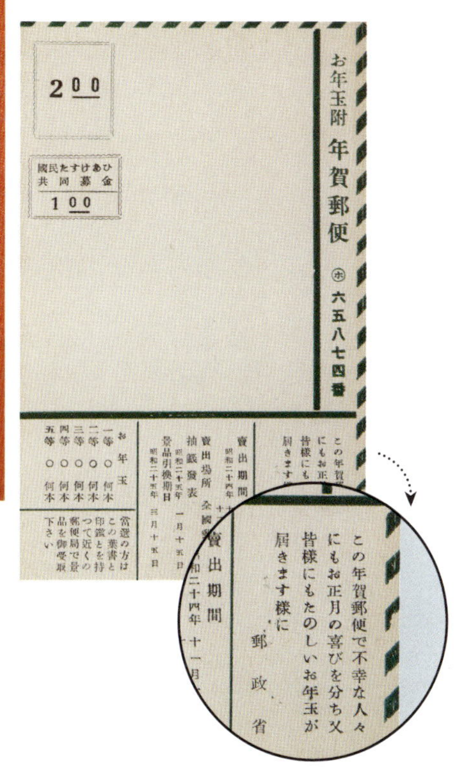

右｜林さんがプレゼン用に作った葉書見本。右下の枠内に、林さんの思いが書かれている
左｜お年玉くじつき年賀葉書の申込書。林さんの最初のサンプルにかなり近いデザインに

自作のポスター2点も持参。モノクロの方には「特賞五拾万円」のほか、1等から6等までの景品も明記

晩秋の砌皆様益々御清祥の御事とお慶び申上げます
扨豫てより皆様の御賛助を得て立案中の例のお年玉附
年賀葉書の件　今回法律案も無事國會を通過致しました
ので近く全國郵便局より一齊に賣出される事になりま
した　葉書の体裁内容とも發案當初より漸次推敲を重ね
まして　結局同封の如きものに決定致しましたその間皆
様方の數々の御教示を得て今日の完成を見た事を深く
感謝致して居ります　郵政省と致しましてもこの種葉書
發行は初めての試みでありますから　その反響も未知數
でありますがどうかこの葉書の發行に依つて　來るべき

一九五〇年のお正月がより明るい娯しいものとなれば
發案者としてこれ以上喜びはありません
今日まで種々御支援御鞭撻を頂きました皆様にその後
の經過報告を兼ね 厚く御禮を申上げる次第であります
寒さに向ひます折柄充分御自愛の程祈ります

昭和二十四年十一月

郵政省郵政審議會
専門委員 林 正 治

お年玉くじつき年賀葉書発行の決定を知らせる手紙を自費で制作。肩書に「郵政省郵政審議会専門委員」とあるが、この時に命を受けたものの、会議には一度も参加しなかったという

〈表面〉

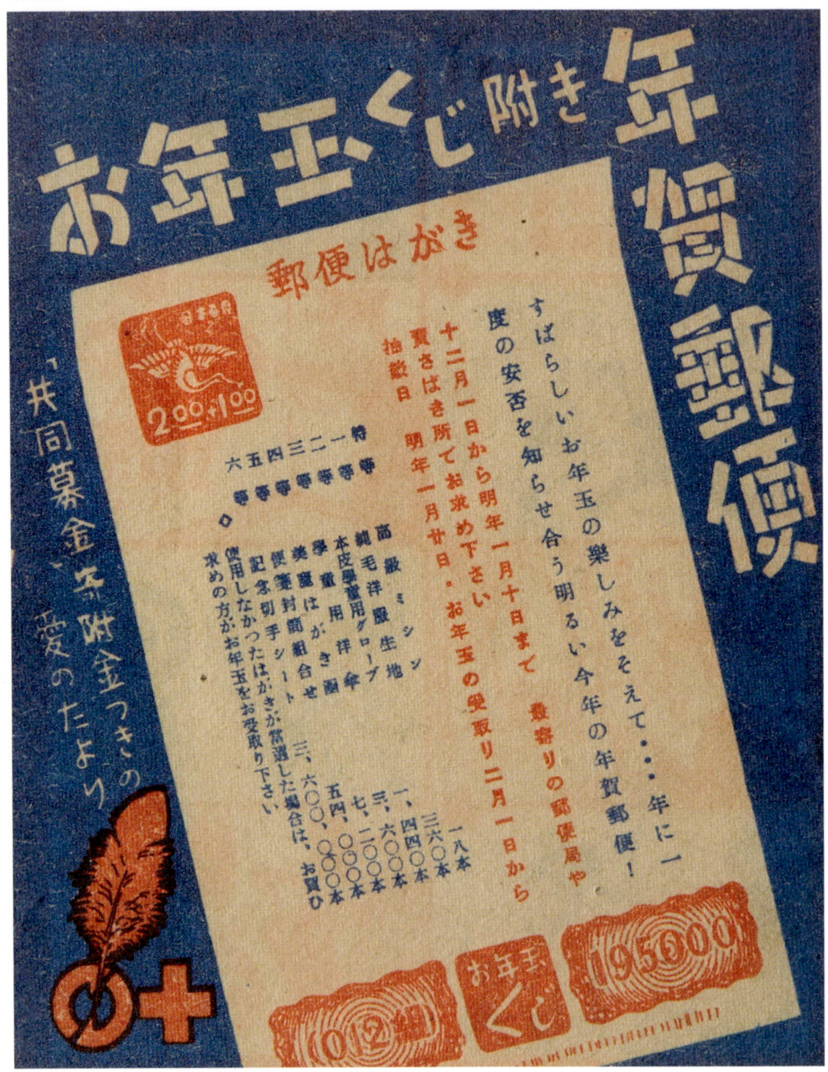

当時作られた、新しい年賀葉書を知らせるチラシ。表には「年に一度の安否を知らせ合う」という言葉、裏には年賀状が届けられてから景品が当たるまでのワクワクが漫画で描かれている

〈裏面〉

①12月1日から1月10日まで年賀葉書の販売期間ですよ　②郵便局の窓口でお年玉くじつき年賀葉書を買いましょう　③心を込めて、新年の挨拶を書きましょう　④郵便局員が元旦から配達します！　⑤「はい、年賀状ですよ」「わーい！」　⑥1月20日は抽選日です　⑦すごい、こんなに豪華賞品が当たる！

拝啓　寒冷の候いよいよ御清祥のことと存じます。
さて、お年玉つき郵便葉書の發賣に當りましては、一方ならぬ御支援御協力を賜り深く感謝致して居ります。
つきましては、右葉書のお年玉の抽せん會を左記により開催することと致しましたから、御繁忙のところ恐縮に存じますが、万障御繰り合せの上御光臨下さいますよう御案内申し上げます。
敬具

昭和二十五年一月十七日

郵政大臣　小澤佐重喜

林正治殿

記

一、日時　昭和二十五年一月二十日（金）午後一時より午後四時まで

二、場所　東京都千代田區　日比谷公會堂

追て　御來駕の節は本狀御持參下され度御願申し上げます。

2年目の昭和26年（1951）の抽選会は大阪で行われたため、東京では「感謝のつどい」が催された

郵政大臣 小澤佐重喜（小澤一郎父）より林正治宛の、お年玉抽選会招待状。昭和25年（1950）1月20日、日比谷公会堂と記されている

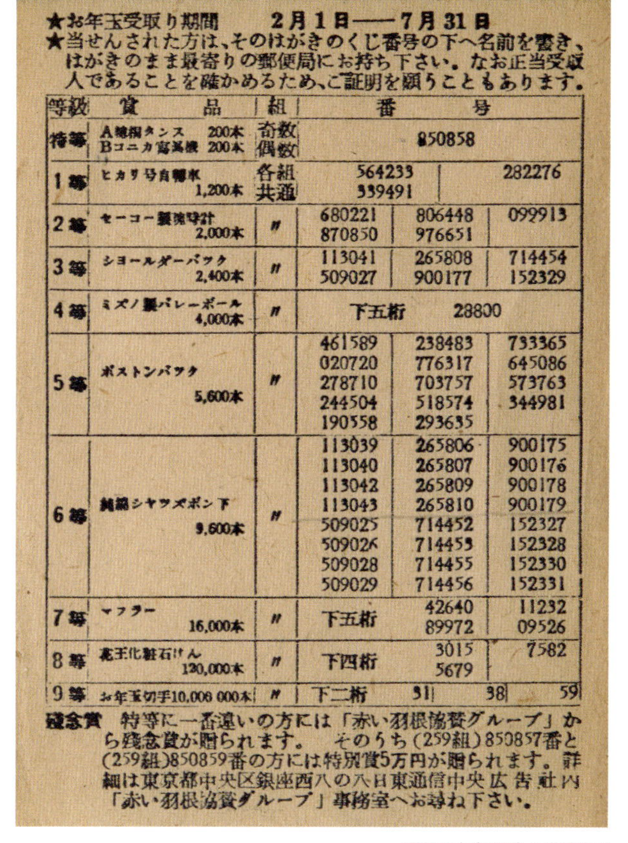

お年玉つき年賀はがきの當せん番号

★お年玉受取り期間　2月1日――7月31日
★当せんされた方は、そのはがきのくじ番号の下へ名前を書き、はがきのまま最寄りの郵便局にお持ち下さい。なお正当受取人であることを確かめるため、ご証明を願うこともあります。

等級	賞品	組	番号		
特等	A桐タンス 200本 Bコニカ寫眞機 200本	奇数 偶数	850858		
1等	ヒカリ号自轉車 1,200本	各組共通	564233 339491	282276	
2等	セーコー腕時計 2,000本	〃	680221 870850	806448 976651	099913
3等	ショールダーバック 2,400本	〃	113041 509027	265808 900177	714454 152329
4等	ミズノ製バレーボール 4,000本	〃	下五桁 28800		
5等	ボストンバック 5,600本	〃	461589 020720 278710 244504 190558	238483 776317 703757 518574 293635	733365 645086 573763 344981
6等	純綿シャツズボン下 9,600本	〃	113039 113040 113042 113043 509025 509026 509028 509029	265806 265807 265809 265810 714452 714453 714455 714456	900175 900176 900178 900179 152327 152328 152330 152331
7等	マフラー 16,000本	〃	下五桁	42640 89972	11232 09526
8等	花王化粧石けん 120,000本	〃	下四桁	3015 5679	7582
9等	お年玉切手10,000,000本	〃	下二桁 31	38	59

殘念賞　特等に一番違いの方には「赤い羽根協賛グループ」から殘念賞が贈られます。　そのうち（259組）850857番と（259組）850859番の方には特別賞5万円が贈られます。詳細は東京都中央区銀座西八の六日東通信中央広告社内「赤い羽根協賛グループ」事務室へお尋ね下さい。

昭和26年（1951）の当選番号

（郵政博物館提供）

タンスやミシン、自転車、カメラ（写真機）が特等や1等に。ほか、グローブやバレーボール、ボストンバッグ、ビニール製テーブルクロスなどが景品に。残念賞はなんと現金5万円（現在の約500万円）が贈られた

（郵政博物館提供）

お年玉くじつき年賀葉書に寄付を乗せて

チャーチル会の活動や自身で絵を描くために、全国あちこちに行く機会があった正治さん。あるとき母子寮を訪ねたら、泣きながら手を握られ、「あのお金がすごく助かりました」と感謝されたことがあったそうです。年賀状は社会貢献になる。正治さんの思いは終始そこにありました。

現在も、寄付金つき年賀葉書は1枚につき寄付金5円で販売されており、年間約3億円の「年賀寄付金」として社会貢献事業助成資金に活用されています。しかし、年賀状を送るだけで寄付ができること、寄付金がついた葉書があることを知っている人は、どれだけいるでしょうか。

＊　＊　＊

正治さんが令和の時代に生きていたら、多くの人に寄付を届けるために、きっとバラや風景画の美しい年賀状をたくさん描いて送ったでしょう。

令和元年（2019）は、お年玉くじつき年賀葉書が誕生してちょうど70年。林正治さんの「日本国民の明るい灯となるように」という願いが、これから先も年賀状に乗せて、多くの人に届けられることを祈っています。

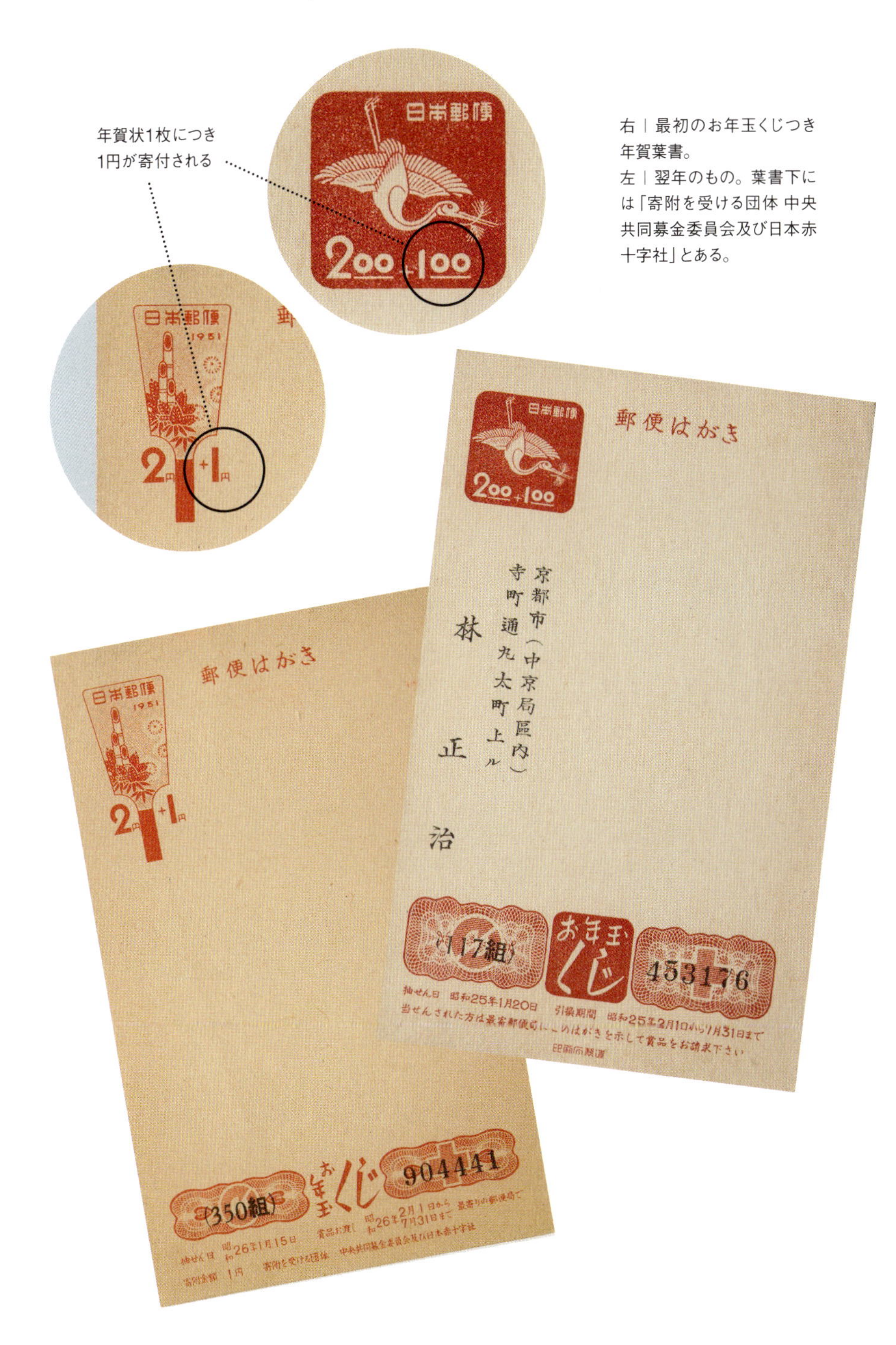

右｜最初のお年玉くじつき年賀葉書。
左｜翌年のもの。葉書下には「寄附を受ける団体 中央共同募金委員会及び日本赤十字社」とある。

Chapter 8

令和時代の年賀状

私たちは今、スマートフォンから指1本で、瞬時に挨拶の言葉を送ることができる時代に生きています。飛脚便が手紙を預かり、野を越え山を越えて届けていたのは、わずか300年前のこと。あっという間に世界が変わり、デジタルというものが登場し、年賀状の送り方も様変わりしました。しかし、新年を祝い、大切な人たちに挨拶や近況を届けたい気持ちは、古来何も変わっていません。年のはじめに気持ちを届ける年賀状。ここまで見てきたたくさんの年賀状のように、令和の時代も年賀状文化を楽しんでみませんか。

年賀状の歴史 8

平成時代～令和時代

平成時代

- **1997**（平成9）年 ……………… 10月、インクジェット紙年賀葉書の発行開始［平成10年（1998）用］
  ※当時は、葉書表面にインクジェット紙ではなく、〔コート紙〕と記載されていた
- **2002**（平成14）年 ………… 平成15年用お年玉付年賀葉書が発行枚数のピーク（44億5936万枚）
- **2003**（平成15）年 ………… 4月、日本郵政公社誕生
- **2005**（平成17）年 ………… 11月、写真用年賀葉書の発行開始
- **2007**（平成19）年 ………… 10月、郵政民営化により、日本郵政グループ発足
- **2014**（平成26）年 ………… 10月、海外年賀切手（差額用）発行
  ぽすくまLINEでの年賀状作成サービスがスタート

令和時代

- **2020**（令和2）年 ………… 令和時代最初の年賀状

海外在住の方々への年賀葉書を航空便扱いの国際郵便葉書として差し出す時に必要となる郵便料金額との差額に対応した切手。平成27年用海外年賀切手（差額用）

上｜平成15年用
右｜平成27年用
「12年後にマフラーが編み上がった」と話題になった料額印面（年賀葉書の切手部分）

寄付

現在の「寄付金付お年玉付郵便葉書」は、絵入りで68円、
内5円が寄付金です。「寄付金付お年玉付年賀郵便切手」は
お年玉付で葉書用の66円と、封書用の87円の2種類あり、
内3円が寄付金となっています（※いずれも2020年用の金額）

2019年用寄付金付
お年玉付郵便葉書

▪ 寄付金配分団体総数 ▪

182団体

▪ 寄付金配分総額 ▪

2億9752万5000円

年賀状作成サービス

オリジナルの年賀状は、受け取る人も楽しいもの。
明治時代に負けない楽しい年賀状を作りましょう

❖ 郵便年賀.jp

年賀状に関するコンテンツが満載。年賀状の作成から、
書き方、出し方のマナー、文例集なども確認できます

❖ 郵便局の総合印刷サービス

好きな絵柄や自分の写真、クリエイターの作品、干支などの
数百種類の絵柄から年賀状を作成し、仕上がった葉書を
お届けするサービスです

STEP 1
お好みの
商品を選択

STEP 2
仕上がり
イメージを確認

STEP 3
決済方法を
選択

STEP 4
ご指定の
場所にお届け！

おわりに

本の出版が決まって間もなく、私たちは年賀状研究家であり、コレクターでもある高尾均さんにお会いする機会を得ました。この本に収録されているほとんどが高尾さん所蔵の年賀状コレクションです。実はこのコレクションは、もともと小竹忠三郎（おだけ）氏の15万枚（うち、年賀状は約1万2000枚）に及ぶ絵葉書のコレクションの一部でした。

小竹氏は慶応2年（1866）、柏崎の縮布問屋に生まれ、石油関連の仕事をしながら、幅広いジャンルの絵葉書を蒐集した人で知られています。

ある日、高尾さんは東京・神保町の古本屋でこの膨大なコレクションに出会い、年賀状蒐集のきっかけになりました。今では小竹コレクションのうち、約1万枚の年賀状を所蔵し、さらにご自身でも年賀状に関するものを広く集めら

背表紙には「ハガキ帖」と書かれている。小竹コレクションのアルバム（高尾均所蔵）

れています。
今回、高尾さんは数百枚にわたるコレクションをお貸出しくださっただけでなく、各時代の年賀状に関する細かい出来事も、詳細に教えてくださいました。多大なるご協力に感謝申し上げます。
また、貴重なコレクションをお貸出しくださいました田畑裕司さん、新関光二さん、官葉雑記（Ｗｅｂサイト）さん、正倉院宝物「人勝残闕雑張」について解説いただきました丸山裕美子さん、江戸時代の判じ絵、暦のはじまり「大小」についてご指南いただきました岩崎均史さん、私製葉書について貴重な史実を教えてくださいました斎藤多喜夫さん。そして、お年玉くじつき年賀葉書考案者である林正治さんのご子息、林正史さんには、お父さまのお話をお聞かせいただき、貴重な写真と絵のコレクションをお貸出しいただきました。皆様に、心より感謝申し上げます。
令和２年（２０２０）のお正月は、令和時代最初の年賀状が行き交います。新時代へ襷が渡され、「新年を祝う気持ちを運ぶ」年賀状文化を繋げていくのは今の時代に生きる私たちなのです。

参考文献

『丸善百年史』上巻 第一編（植村清二）、1980年
郵政研究所附属資料館（逓信総合博物館）『―人と人の心を結ぶ― 年賀状の歴史と話題』平成7年11月、1995年
郵政研究所附属資料館（逓信総合博物館）『―人と人の心を結ぶ― 年賀状の歴史と話題』平成8年11月、1996年
丸山裕美子「丸山裕美子の表裏の歴史学」、朝日新聞デジタル、2018年 1月13日
斎藤多喜夫「横浜の絵葉書入門」『横濱』神奈川新聞社、2019年春号
高尾均「絵葉書をより愉しむために（一）暦の年賀状」『会報 ヱハカキ』Spring 2018、日本絵葉書会、2018年
高尾均「絵葉書をより愉しむために（二）一足先に絵葉書の洗礼を受けた日本人たち」『会報 ヱハカキ』Summer 2018、日本絵葉書会、2018年
高尾均「絵葉書をより愉しむために（四）明治前期の個性的年賀状」『会報 ヱハカキ』Winter 2018、日本絵葉書会、2018年
高尾均「絵葉書をより愉しむために（五）明治38年の絵葉書事情・其の一」『会報 ヱハカキ』Summer 2019、日本絵葉書会、2019年
『サンデー毎日』毎日新聞社、1987年1月4・11日合併号
井上女神『ねんがじょう曼荼羅』室町書房、1986年
井村恵美『初期の国際年賀状―各国のデザインとその背景 1888-1926―』、郵政博物館 研究紀要 第8号、2017年3月
冨永紀子『新たに発見された「お年玉つき年賀はがきの見本」』、郵政博物館 研究紀要 第8号、2017年3月
柏崎市『「柏崎の先人たち」柏崎・刈羽人物誌』柏崎市、2002年

年賀状のおはなし

2019年11月23日　初版第1刷発行

監修　日本郵便株式会社
プロジェクトチーム　小野種紀　粂井利久
網師本祐季　光井太祐　内山由梨
発行者　赤井仁
発行・販売　ゴマブックス株式会社
〒107-0062　東京都港区南青山6丁目6番22号
info@goma-books.co.jp
制作　株式会社 Project8
編集協力　島田ゆかり
印刷所・製本　シナジーコミュニケーションズ株式会社

ISBN978-4-8149-2201-7

ゴマブックスホームページ　http://www.goma-books.com